Versorg dich selbst!

In 6 Schritten zur eigenen Photovoltaikanlage
So schaffst du dir unabhängige Kontrolle über
deine Energieversorgung.

VERSORG DICH SELBST!

IN 6 SCHRITTEN ZUR EIGENEN PHOTOVOLTAIKANLAGE

So schaffst du dir unabhängige
Kontrolle über deine Energieversorgung.

Impressum

1. Auflage

Bibliografische Information der Deutschen Nationalbibliothek: Die Deutsche Nationalbibliothek verzeichnet diese Publikation in der Deutschen Nationalbibliografie; detaillierte bibliografische Daten sind im Internet über http://dnb.dnb.de abrufbar.

Herausgeber: Solution Verlag wird vertreten durch:
Tim Müller
Friedrich-Ebert-Str. 42
08209 Auerbach

Autor: Nils Kleefeld

SONNE TANKEN

Sonne Tanken
www.sonnetanken.net

Umschlaggestaltung und Satz: Wolkenart – Marie-Katharina Becker,
www.wolkenart.com

Hinweis

In diesem Buch befinden sich QR-Codes, wie in der Abbildung unter diesem Textausschnitt. Wenn du dich bereits mit dem Konzept rund um QR-Codes auskennst, darfst du diesen Absatz gern überspringen. Für alle anderen kommt das Wichtigste jetzt in Kurzfassung.

QR-Codes werden genutzt um Websites schnell abrufbar zu machen, ohne dass du dabei einen großen Aufwand hast. Ein solcher Code lässt sich ganz einfach mit deinem Smartphone einscannen und öffnen. Entweder dein Smartphone erkennt QR-Codes automatisch in der Kamera-App oder du lädst dir dafür eine QR-Code App herunter, sofern du diese noch nicht besitzt. Dafür gehst du in deinen Play-/App-Store und suchst nach: ‚QR-Code Scanner'. Nun wählst du eine beliebige App aus. In der Regel funktionieren diese alle gleich und es spielt keine Rolle, welche du auswählst. Wenn du den Scanner heruntergeladen hast, öffnest du ihn und hältst deine Kamera in Richtung des Codes. Justiere deine Kamera bis der QR-Code Scanner dich auf die entsprechende Webseite führt beziehungsweise um die Berechtigung zur Weiterleitung bittet. Die Seite wird nun aufgerufen. In diesem Buch führen die QR-Codes meist zu einem YouTube-Video, welches du zusätzlich zu einem Textabschnitt anschauen kannst.

Warum sind in diesem Buch QR-Codes?

Der Autor möchte so viel wie möglich Wissen an dich weitergeben und hat für bestimmte Passagen ein Erklär-/Praxisvideo erstellt, welches er dir auf seinem YouTube-Kanal kostenfrei zur Verfügung stellt.

Gender-Disclaimer

In diesem Buch wird zur besseren Lesbarkeit lediglich das generische Maskulinum verwendet. Sämtliche Personenbezeichnungen gelten gleichermaßen für alle Geschlechteridentitäten.

Lieber Niklas,

elektrische Energie zu erzeugen und zu nutzen ist nicht überall auf dieser Welt selbstverständlich. Die Sonne liefert uns täglich Unmengen an Energie. Diese zu nutzen, um daraus Strom zu erzeugen, bedeutet für viele Menschen eine große Bereicherung.

Ich bin dankbar, dass du mit einem Bewusstsein für nachhaltige Energiegewinnung und deren Nutzung groß wirst.

Dein Papa

Ein herzlicher Dank geht an meine großartige „Sonne Tanken Community" auf YouTube. Danke für den wertvollen und anregenden Austausch, die zahlreichen Kommentare und euren Support. All dies hat dazu beigetragen, dieses Buch schreiben zu können.

INHALT

SONNE TANKEN

IN 6 SCHRITTEN

zur eigenen Photovoltaikanlage

1. Lege dein Ziel fest!
2. Die richtige Größe der PV-Anlage ermitteln.
3. Welche Komponenten für deine PV-Anlage?
4. Möchtest du eine PV-Anlage mit oder ohne Speicher?
5. Beratungstermin vereinbaren und Angebot prüfen.
6. Anschluss und Anmeldung der PV-Anlage

Vorwort

„Hätte ich das doch mal vorher gewusst!" Solche oder ähnliche Sätze höre ich oft von Menschen in meinem Umfeld, die sich mit dem Thema der eigenen Photovoltaikanlage auseinandergesetzt haben und dann am Ende eine eigene Anlage betreiben, mit der sie zwar bestenfalls zufrieden, aber nicht vollends glücklich sind. Dies liegt oftmals daran, dass sie sich zu spät mit dem Thema auseinandergesetzt haben und dann unvorbereitet in das Gespräch mit dem installierenden Betrieb gegangen sind. Damit du mit deiner Anlage am Ende vollends zufrieden bist und sie auch zu deinen, beziehungsweise euren Bedürfnissen passt, möchte ich dir mit diesem Buch einen Ratgeber an die Hand geben, um mit einer klaren Idee in die Planung einzusteigen und somit zielgerichtet und zufrieden zur eigenen Photovoltaikanlage zu kommen. Viel Erfolg bei der Planung und Umsetzung deiner Photovoltaikanlage!

In den ersten beiden Kapiteln geht es zunächst darum, warum es Sinn ergibt, Strom mit der Photovoltaikanlage zu erzeugen und wieso auch die Energiekosten für den Betrieb einer Photovoltaikanlage sprechen. Anschließend geht es im dritten Kapitel um den grundsätzlichen Aufbau einer Photovoltaikanlage. Danach werden einzelne Aspekte von der Berechnung für die individuelle Größe über die Frage, ob ein Speicher sinnvoll ist, bis hin zur Versorgung mit Ersatzstrom aufgegriffen. Das Buch soll dir zu den wichtigsten Fragen eine Antwort geben, um Stolpersteine bei der Planung und Umsetzung nach

Möglichkeit im Voraus aus dem Weg zu räumen. Checklisten zu den einzelnen Komponenten, Erklärvideos auf meinem YouTube Kanal „Sonne Tanken" und Beispielrechnungen helfen dir bei der Planung deiner Anlage. Noch eins vorweg: Stößt du beim Lesen auf einen Begriff, der dir fremd ist, so lohnt sich ein Blick in das Glossar am Ende des Buches. Hier habe ich die wichtigsten Begriffe alphabetisch geordnet und erläutert. Viel Spaß beim Lesen und Planen und viel Erfolg auf dem Weg in die eigene, unabhängige Energieversorgung!

Warum Strom aus der Photovoltaikanlage?

Steigende Energiepreise und der Wunsch nach sauberer Energie sind für viele Menschen die Hauptgründe für die Entscheidung zu einer eigenen Photovoltaikanlage. Der Wunsch nach der Möglichkeit, saubere Energie direkt auf oder am eigenen Haus zu erzeugen, führt daher unweigerlich dazu, sich mit der Gewinnung von Strom durch die eigene Photovoltaikanlage zu beschäftigen.

Was spricht für den Betrieb einer Photovoltaikanlage? Die Photovoltaikanlage erzeugt mithilfe von Sonnenlicht in den Solarmodulen elektrischen Strom. Dieser Strom kann im eigenen Haushalt entweder direkt genutzt werden oder, falls zu viel für den eigenen Haushalt produziert wird, kann dieser überschüssige Strom in das öffentliche Stromnetz eingespeist werden. Für das Einspeisen von Strom aus der eigenen Photovoltaikanlage erhältst du als Betreiber eine Vergütung, welche nach Kilowattstunden (kWh) abgerechnet wird.

Es kann also mit geringem anfänglichem bürokratischem Aufwand und mit individuellem finanziellem Einsatz eigener, sauberer Strom produziert werden. Da die Module mehrere Jahrzehnte Strom produzieren, ist auch die anfängliche Energie, welche zur Produktion der Anlage aufgewendet werden muss, schnell wieder eingespart.

Die Energiekosten

Neben den oben genannten Gründen, die für eigene Stromversorgung durch eine Photovoltaikanlage sprechen, zählen auch die Kosten für die Versorgung mit Strom für eine gründliche Auseinandersetzung mit dem Thema. Photovoltaikanlagen liefern etwa 25 Jahre lang zuverlässig sauberen Strom. Die Gesamtstromkosten, welche über diesen Zeitraum ohne Photovoltaikanlage anfallen, lassen sich relativ schnell überschlagen. Hierzu nimmst du deinen aktuellen Jahresverbrauch in Kilowattstunden, multiplizierst diesen mit dem Preis pro Kilowattstunden (ich gehe hier von 0,35 € / kWh aus, was aktuell für Ökostrom realistisch ist) und das Ergebnis multiplizierst du mit 25. Somit kennst du deine Energiekosten für die nächsten 25 Jahre, wenn du davon ausgehst, dass der Preis stabil bleibt. Diese Annahme ist mit Blick auf die Preisentwicklung der Vergangenheit jedoch eher unrealistisch. Es kann davon ausgegangen werden, dass die Preise für Strom auch in Zukunft steigen werden. Um dir die Kosten im Vergleich einmal mit Strompreissteigerung und einmal ohne Strompreissteigerung über 25 Jahre in einer Beispielrechnung darzustellen, möchte ich dies anhand einer Familie mit einem Jahresverbrauch von 7.500 kWh zeigen.

Formel:
Stromkosten für 25 Jahre = 25 [a] x (Stromverbrauch in kWh pro Jahr [kWh / a] x Strompreis [€ / kWh])
Rechnung ohne Preissteigerung:
Stromkosten für 25 Jahre = 25 a x (7.500 kWh /a x 0,35 € / kWh)
Stromkosten für 25 Jahre = 25 a x 2.625 € / a
Stromkosten für 25 Jahre = 65.625 €

Die Stromkosten für diese Familie liegen also bei gleichbleibendem Stromverbrauch und gleichbleibenden Strompreisen innerhalb von 25 Jahren bei stolzen 65.625 €.

Deine Rechnung:
Stromkosten für 25 Jahre = 25 [a] x (Stromverbrauch [kWh / a] x Strompreis [€ / kWh])
Stromkosten für 25 Jahre = 25 a x _____________ kWh / a x _____________ € / kWh
Stromkosten für 25 Jahre = ________________ €

Gehst du nun davon aus, dass der Strompreis sich in Zukunft weiter nach oben bewegt, dann kommen hier ganz andere Summen zusammen. Die Strompreisentwicklung für Privathaushalte in der Vergangenheit kannst du zum Beispiel beim Bundesverband der Energie- und Wasserwirtschaft e.V. (*www.bdew.de*) einsehen. Laut BDEW lagen die Preise pro Kilowattstunde im Durchschnitt für 2006 noch bei 19,46 Cent. Im Januar

2022 lagen die Preise schon bei 36,19 Cent / kWh. (Quelle: https://www.bdew.de/presse/pressemappen/strompreis/, Stand 01.2022). Die Anschaffung einer Photovoltaikanlage kostet je nach Komponenten und System ca. die Hälfte der hier in der Beispielrechnung gezeigten Gesamtstromkosten für 25 Jahre. Obwohl in dieser Rechnung noch keine Strompreissteigerung berücksichtigt ist, wird deutlich, welches Einsparungspotenzial die eigene Photovoltaikanlage bietet. Gehen wir Beispielhaft von einer noch optimistischen Preissteigerung von nur 2 Prozent im Jahr aus, so ergibt sich daraus auf 25 Jahre gesehen ein Faktor von 1,28. Multiplizierst du dein Ergebnis aus der Rechnung oben mit diesem Faktor, erhältst du eine Idee davon, welche Auswirkung die Strompreisentwicklung auf deine Gesamtkosten hätte. Wie gesagt, wir wissen nicht, wie sich der Preis entwickeln wird, können jedoch aufgrund der Entwicklungen in der Vergangenheit weiterhin von einer Preissteigerung ausgehen. Hier die Rechnung inklusive Preissteigerung um nur 2 Prozent pro Jahr.

Formel:
Stromkosten für 25 Jahre = 25 [a] x (Stromverbrauch [kWh / a] x Strompreis [€ / kWh]) x 1,28

Rechnung mit Preissteigerung.
Stromkosten für 25 Jahre = 25 a x (7.500 kWh /a x 0,35 € / kWh)
Stromkosten für 25 Jahre = 25 a x 2.625 € / a
Stromkosten für 25 Jahre = 65.625 €
Stromkosten für 25 Jahre = 65.625 € x 1,28
Stromkosten für 25 Jahre = 84.000 €

Deine Rechnung:
Stromkosten für 25 Jahre = 25 [a] x (Stromverbrauch [kWh / a] x Strompreis [€ / kWh]) x 1,28
Stromkosten für 25 Jahre = 25 a x ____________ kWh / a x ____________ € / kWh x 1,28
Stromkosten für 25 Jahre = ______________ €

Ist deine Photovoltaikanlage optimal für deinen Verbrauch ausgelegt, liefert diese sauberen Strom und kann dabei den Netzbezug stark reduzieren. Somit bietet die Photovoltaikanlage ein enormes Einsparungspotenzial. Welchen Einfluss dabei der Eigenverbrauch hat, wie dieser erhöht werden kann und viele weitere Tipps erfährst du im Laufe der folgenden Kapitel. Zunächst soll es nun aber darum gehen, wie die Anlage aufgebaut ist und welche Komponenten benötigt werden.

Vorwissen: Wie ist eine Photovoltaikanlage aufgebaut?

Die Photovoltaikanlage besteht in der Regel aus den Elementen: Solarmodule, Wechselrichter und eventuell ein Speicher. Weitere Komponenten wie ein Energiemanagementsystem, eine Wallbox und smarte Produkte können das Gesamtsystem ergänzen.
Es gibt unterschiedliche Module, dabei wird meist zwischen monokristallinen und polykristallinen Modulen unterschieden. Mittlerweile gibt es fast nur noch monokristalline Module. Diese sind einerseits effizienter, zudem sehen sie durch ihre gleichmäßige Farbe auch deutlich ansprechender aus. Auf

die genauen Unterschiede gehe ich im 3. Schritt „Welche Komponenten für meine PV-Anlage?" ein. Die Solarmodule werden meist auf dem Dach installiert, können aber auch an der Fassade oder dem Balkon installiert werden. Dabei werden die Module je nach Anzahl und Verteilung auf dem Dach in verschiedene Stränge, auch Strings genannt, aufgeteilt. Dies geschieht, da die Module in Reihe geschaltet werden. Würdest du alle Module miteinander verbinden, kämen erstens sehr große Leistungen zustande, welche nicht zu jedem Wechselrichter passen. Zweitens könnte aber auch eine Leistungsabnahme durch Schattenwurf auf einzelnen Modulen den gesamten String in seiner Leistung beeinträchtigen. Um dies zu verhindern, wird die Dachfläche meist in mehrere Strings aufgeteilt. Dabei ist zu beachten, wie viele Eingänge der Wechselrichter hat – dazu später mehr. Die Solarmodule liefern die Leistung in Abhängigkeit von der Sonneneinstrahlung und der Umgebungstemperatur. Dabei gilt grob gesagt, je direkter die Sonneneinstrahlung und je kühler die Außentemperatur, desto effektiver können die Module den Strom erzeugen. Dies liegt an der Leitfähigkeit, welche bei hohen Temperaturen, gerade im Sommer, abnimmt. Elektronen schwingen bei Wärme stärker und der Elektronenfluss durch die elektrischen Bauteile wird dadurch ineffektiver. Die Module liefern bei einer Anlage mit Beispielsweise 10 Kilowatt-Peak (10 kWp) Leistung bei optimalen Bedingungen 10 kW. Diese Leistung wird als Gleichstrom zum nächsten Bauteil, dem Wechselrichter, geleitet. Der Wechselrichter hat nun die Funktion den Gleichstrom in Wechselstrom mit 230 Volt (V) und 50 Hertz (Hz) zu wandeln. Der Wechselstrom kann dann ganz normal im Haushalt verwendet werden. Es gibt bei den verschiedenen Wechselrichtern wichtige Unterschiede, welche

1 **Die Solarmodule**
Machen aus Sonnenenergie elektrische Energie.

2 **Der Wechselrichte**
Macht aus Gleichstron Wechselstrom.

5 **Wärmepumpe**
Macht saubere Energie zu Wärme.

6 **Verbraucher werde mit Solarstrom bet**

Stromspeicher
Speichert die saubere Energie.

Energiemanager
Steuert die Stromflüsse im Haus.

Wallbox
Lädt Dein E-Auto mit sauberem Strom.

im Kapitel „Welcher Wechselrichter ist der richtige für mich?“ behandelt werden. Einen Unterschied, nämlich die Anzahl der Eingänge für die Strings, habe ich oben bereits angesprochen. Der Stromspeicher erfreut sich bei Betreibern von Photovoltaikanlagen im Eigenheim immer größerer Beliebtheit und wird sogar bei Bestandsanlagen immer häufiger nachgerüstet. Hierdurch wird es möglich, den Strom am Abend oder in der Nacht zu nutzen, sollte dieser am Tag durch Abwesenheit nicht genutzt werden. Dadurch ist es möglich, viel mehr des eigenen Stroms zu nutzen und deutlich unabhängiger vom Netzbezug zu werden. Die Menge an Strom, die vom Stromanbieter bezogen werden muss, reduziert sich durch einen Speicher deutlich. Auf den Unterschied des Eigenverbrauchs und der Autarkie, also der Unabhängigkeit vom Netzbetreiber, gehe ich im 4. Schritt „Möchtest du eine PV-Anlage mit oder ohne Speicher?“ ein.

Im ersten Schritt ist es wichtig, das Ziel deiner Anlage richtig zu definieren. Was soll die Photovoltaikanlage für dich liefern. Oder anders ausgedrückt: Was erwartest du von deiner Photovoltaikanlage? Wie du die Anlage richtig dimensionierst und für deinen Verbrauch optimal planst, erfährst du dann im 2. Schritt.

1. Schritt:

LEGE DEIN ZIEL FEST!

Die Installation einer Photovoltaikanlage ist eine große Investition. Bevor du mit der Planung deiner Anlage beginnst, halte ich es daher für wichtig, dass du dir selber darüber im Klaren sein solltest, was du von deiner zukünftigen Photovoltaikanlage erwartest und welche Anforderungen du an das System stellst. Möchtest du zum Beispiel bei einem Netzausfall durch deine Photovoltaikanlage versorgt sein? Möchtest du eine möglichst wirtschaftliche Anlage installieren? Hast du eine Begeisterung für Technik und möchtest daher deinen eigenen und sauberen Strom produzieren, die Wirtschaftlichkeit ist dir aber eventuell nicht so wichtig? Möchtest du möglichst viel sauberen Strom erzeugen und selber nutzen? Vielleicht möchtest du schlicht und einfach saubere Energie erzeugen und deine Dachfläche bietet dir die Möglichkeit dazu? Vielleicht möchtest du komplett unabhängig vom öffentlichen Stromnetz sein? Auch ein banger Blick in die Zukunft und der Wunsch für die eigenen Kinder oder Enkel einen Schritt in eine neue Energiezukunft zu gehen, ist bei vielen Menschen ein Grund für die Entscheidung. Oder liegen deine Gründe ganz woanders?

Jedes Ziel und jeder Wunsch hat seine Berechtigung, erfordert jedoch zum Teil eine komplett andere Herangehensweise an die Planung. Daher solltest du als Erstes für dich festlegen, was du möchtest. Wenn du zum jetzigen Zeitpunkt noch nicht sicher bist, lies dieses Buch ausführlich und lasse dich dadurch vielleicht sogar inspirieren. Schaue dann Schritt für Schritt, welche Komponenten du zur Zusammenstellung deiner

Wunschanlage benötigst. Mit dieser Idee von deiner Anlage kannst du dann gezielt in die detaillierte Planung mit einem Installationsbetrieb gehen. Hilfreich ist es natürlich auch, wenn du bereits vorher ein Budget festlegst. Einen groben Richtwert zu den Kosten einer Anlage bietet dir das Kapitel „Mit welchen Kosten kannst du rechnen"? Da der Markt jedoch stark in Bewegung ist, können hier keine finalen und verlässlichen Preise genannt werden. Die folgenden Checklisten sollen dir helfen, deine Ziele und die damit verbundenen Ansprüche an Komponenten schnell festzulegen. Schaue also erst, welches Ziel du verfolgen möchtest und danach kannst du in der zu deinem Ziel passenden Checkliste schnell erkennen, welche Komponenten für dieses Ziel benötigt werden. In Verlauf des Buchs kannst du somit gezielt nach Informationen für die von dir benötigten Komponenten schauen.

1. Nutze diese Checkliste zunächst, um dein Ziel oder deine Ziele festzulegen.
2. Nun wähle anhand deines Ziels die nächste passende Checkliste aus und du erkennst schnell, welche Komponenten du zum Erreichen deines Ziels benötigst.

Checkliste für deine Ziele

Welches Ziel möchtest du mit deiner Photovoltaikanlage erreichen?

- Ich möchte komplett unabhängig sein!
- Ich möchste möglichst viel eigenen Solarstrom nutzen!
- Ich möchte eine möglichst wirtschaftliche Anlage betreiben!
- Ich möchte Versorgungssicherheit!
- Ich möchte komplett einspeisen!

Ziel: Ich möchte komplett unabhängig sein!

Benötigte Komponenten:

- Solarmodule
- Hybrid Wechselrichter mit Ersatzstromfähigkeit
- Speicher
- Netzumschaltbox
- 365 Tage autark? Dann u.U. sogar Wasserstoffspeicher und Brennstoffzelle.

Ziel: Ich möchte möglichst viel eigenen Solarstrom nutzen!

Benötigte Komponenten:

- Solarmodule
- (Hybrid) Wechselrichter
- Speicher
- Gegebenenfalls eine Wallbox

Ziel: Ich möchte eine möglichst wirtschaftliche Anlage betreiben!

Benötigte Komponenten:

- Solarmodule
- (Hybrid) Wechselrichter
- Berechnen, ob der Speicher Sinn macht (siehe 4. Schritt)
- Gegebenenfalls eine Wallbox

Ziel: Ich möchte Versorgungssicherheit!

Benötigte Komponenten:

- Solarmodule
- Hybrid Wechselrichter mit Ersatzstromfähigkeit oder AC-Speicher mit Ersatzstrom
- Speicher
- Netzumschaltbox

Ziel: Ich möchte komplett einspeisen!

Benötigte Komponenten:

- Solarmodule
- Wechselrichter

2. Schritt:

DIE RICHTIGE GRÖSSE DER PV-ANLAGE ERMITTELN

Die richtige Größe für die Photovoltaikanlage zu ermitteln, ist ein wichtiger Aspekt – besonders, wenn die Anlage wirtschaftlich sein soll. Denn wird die Anlage unterdimensioniert, muss trotz eigener Stromproduktion noch viel Strom zugekauft werden. Ein späteres Nachrüsten, falls überhaupt noch Fläche für die Solarmodule zur Verfügung steht, ist dann wieder mit zusätzlichem Installationsaufwand und erneuten Kosten verbunden. Daher ergibt es Sinn, die richtige Größe von Anfang an zu ermitteln und dabei einen Blick in die Zukunft zu werfen. Kommen gegebenenfalls Verbraucher in Form von Personen durch – zum Beispiel – Familienplanung oder Verbraucher in Form von Elektroauto, Wärmepumpe oder Ähnlichem hinzu? Diese zukünftigen Verbraucher haben einen enormen Einfluss auf die richtige Dimensionierung der Anlage und sollten daher unbedingt bei der Planung berücksichtigt werden, auch wenn die Veränderung eventuell erst in ein bis zwei Jahren eintreten.

Am Anfang der Planung steht also die Frage: Wie groß sollte meine Photovoltaikanlage sein? Es gibt hier immer wieder Menschen, die sagen, dass die Anlage so groß wie möglich sein sollte. Dies ist jedoch genauer zu betrachten, denn es ergibt zwar Sinn, möglichst viel sauberen Strom zu produzieren, es ist aber nicht immer das passende Vorgehen. Denn je größer die Anlage wird, desto höher fallen die Anschaffungskosten aus.

Auch wenn der Preis pro installiertem Kilowatt-Peak bei größeren Anlagen oftmals günstiger wird, da der Installationsaufwand (z. B. Aufbau des Gerüsts, Planungskosten, etc.) nicht mit der Größe der Anlage steigt. Da für viele Menschen aber die Anschaffung einer eigenen Photovoltaikanlage ohnehin eine sehr große Investition ist, ist es meiner Meinung nach sinnvoll, die Anlage passend zu den Bedürfnissen zu dimensionieren.

Berechnung der Anlagengröße:

Ich werde hier zwei Wege aufzeigen, um die richtige Größe deiner Photovoltaikanlage zu ermitteln. Wie sich am Ende der unten dargestellten Berechnungen erkennen lässt, weichen die Ergebnisse der Faustformel und der ausführlichen Berechnung voneinander ab. Als Richtwert ist die Faustformel gut geeignet. Wenn du es genauer berechnen möchtest, solltest du dir die Mühe machen und die ausführliche Berechnung wählen.

1. Möglichkeit: Die Faustformel

Als Faustformel hat sich bewährt, 30 Prozent mehr Leistung zu installieren, als der Jahresstromverbrauch ist. Dieser Wert wird dann durch den regionalen Energieertrag pro Jahr in Kilowattstunden pro Kilowatt-Peak geteilt. Vereinfacht gesagt heißt dies: die benötigte Strommenge in Kilowattstunde pro Jahr + 30 Prozent geteilt durch den regionalen Energieertrag (siehe Tabelle 1) gibt einen guten Richtwert für die Anlagengröße.

Beispiel: Eine Familie hat einen Jahresverbrauch von 7.500 kWh. Die Rechnung sieht nun wie folgt aus: 7.500 kWh *130 % = 9.750 kWh. Die 9.750 kWh werden geteilt durch 1050 kWh pro kWp für Niedersachsen (siehe Tabelle 1).

$$\text{Anlagengröße} = \frac{\text{Jahresverbrauch in kWh} * 130\ \%}{\text{regionalen Energieertrag} \left[\frac{\text{kWh}}{\text{kWp}}\right]}$$

Beispiel:

$$\text{Anlagengröße} = \frac{7500\ \text{kWh}\ * 130\ \%}{1050 \left[\frac{\text{kWh}}{\text{kWp}}\right]}$$

$$\text{Anlagengröße} = 9{,}29\ \text{kWp}$$

Dies ergibt dann mit dieser vereinfachten Rechnung eine Leistung der Anlage von 9,29 kWp.
Die Anlage sollte also laut der vereinfachten Formel 9,29 kWp Leistung haben, um die Familie mit einem Jahresstromverbrauch von 7.500 kWh zu versorgen.

Wenn du es genauer berechnen möchtest, ergänzt du die Berechnung um die Ausrichtung des Daches und um die Neigung der Module. Diese deutlich komplexere Berechnung mit Beispiel folgt nun.

2. Möglichkeit: Ausführliche Berechnung

Die Formel für die ausführliche Berechnung lautet:

$$\text{Anlagengröße} = \frac{\text{Jahresverbrauch in kWh} * 130\,\%}{\text{persönlicher Energieertrag}\left[\frac{\text{kWh}}{\text{kWp*a}}\right]}$$

Um den persönlichen Energieertrag für deine Anlage zu berechnen, welchen du für die oben genannte Formel benötigst, sind verschiedene Faktoren wichtig: Die Dachneigung, die Himmelsrichtung, deine Region und gegebenenfalls auch individuellen Faktoren, wie zum Beispiel Verschattung der Solarmodule. Der regionale Energieertrag ist im Süden Deutschlands mit ca. 1.150 kWh pro installierter kWp deutlich höher als beispielsweise in Niedersachsen, wo dieser bei ca. 1050 kWh pro kWp liegt.

Wie du den persönlichen Energieertrag berechnest, zeige ich dir Schritt für Schritt. Damit du die Hintergründe der Berechnung verstehst, gehe ich zunächst auf die Globalstrahlung und die Ausrichtung der Module ein. Wenn du direkt zur Berechnung übergehen möchtest, überspringe diese Punkte einfach.

Globalstrahlung

Als Globalstrahlung bezeichnet man die am Erdboden ankommende Solarstrahlung, welche sich aus der Direkt- und Diffus-Strahlung zusammensetzt. Gemessen wird diese bezogen auf die horizontale Ebene. Die Globalstrahlung wird in kWh/m^2 angegeben und ist regional unterschiedlich. Dies beeinflusst den individuellen Energieertrag pro installierten kWp, also je nach Region.

Zusammenfassend lässt sich hier folgendes festhalten:
Für einen möglichst hohen Energieertrag im Jahr sollte der Winkel der Module ca. 30 Grad betragen.
Für eine Optimierung während der Wintermonate ergibt ein Winkel von 60 Grad Sinn, da die Sonne deutlich flacher verläuft und so der Energieertrag im Winter optimiert werden kann.
Für eine gute Leistung im Frühjahr und Herbst sollte der Winkel ca. 45 Grad betragen. Um über das ganze Jahr verteilt gute Erträge zu haben, sollte der Winkel somit 30-35 Grad betragen.

Die Ausrichtung der Module

Die Ausrichtung der Module zum einfallenden Sonnenlicht sollte im optimalen Fall bei 90 Grad liegen. Da die Sonne im Verlauf des Tages beziehungsweise des Jahres jedoch ständig in ihrem Verlauf variiert, ist dies in der Praxis kaum umsetzbar. Lediglich relativ teure Nachführsysteme könnten hier installiert werden. Diese verändern den Winkel der Module, indem sie entweder vertikal und/oder horizontal beweglich sind und somit die Module dem Verlauf der Sonne nachführen. Dadurch lässt sich die Anlage in ihrer Effizienz stark optimieren, jedoch sind diese Anschaffungskosten relativ hoch. Daher wird in der Praxis ein Aufstellwinkel gewählt, der im Jahresdurchschnitt Sinn ergibt. In Deutschland ist dies ein Winkel von 30-35 Grad. Je näher der Standort am Äquator liegt, desto flacher wird dieser Winkel, da die Sonne hier viel höher verläuft. Nun haben aber viele Satteldächer Winkel über 35 Grad. Dadurch nimmt der Energieertrag über das Jahr gesehen ab, dennoch sind die Einbußen relativ gering. Die Installation von Modulen kann sogar auf der Nordseite Sinn ergeben. Hier sollten die Module flach installiert werden, damit das diffuse Licht möglichst günstig auf die Module trifft. Je weiter die Dachfläche von Süden abweicht, desto flacher sollten die Module demnach installiert werden, um noch gute Erträge zu erhalten. Die Anzahl der Module und damit auch die Leistung der gesamten Anlage wird also auch von dem Installationswinkel der Module beeinflusst. Sind die Himmelsausrichtung und der Installationswinkel der Module ungünstig, so sinkt der prozentuale Effizienzwert und es müssen insgesamt mehr Module installiert werden, um auf die gleiche Anlagenleistung zu kommen.

Berechnung der Anlagengröße:

Die hier dargestellte Abbildung 1 mit den spezifischen jährlichen Photovoltaikerträgen aus den Bundesländern in Deutschland werden in Kilowatt pro installierter Kilowatt-Peak angegeben. Ich habe diese für dich in der Tabelle 1: Regionaler Energieertrag nach Bundesländern eingetragen. Den **regionalen Energieertrag** benötigst du in der folgenden Berechnung für die Anlagengröße, welche ich dir hier Schritt für Schritt zeigen werde.

Betrachten wir beispielhaft, dass eine Familie 7.500 kWh pro Jahr benötigt, in Niedersachsen lebt und eine Dachfläche besitzt, welche mit 50 Grad Neigung in Richtung Südwest ausgerichtet ist.

Bundesland	kWh/(kWp*a)
Baden-Württemberg	1175
Bayern	1150
Berlin & Brandenburg	1075
Bremen	1025
Hamburg	1050
Hessen	1100
Mecklenburg-Vorpommern	1075
Niedersachsen	1050
Nordrhein-Westfalen	1050
Rheinland-Pfalz	1100
Saarland	1125
Sachsen	1125
Sachsen-Anhalt	1100
Schleswig-Holstein	1050
Thüringen	1100

Tabelle 1: Regionaler Energieertrag nach Bundesländern

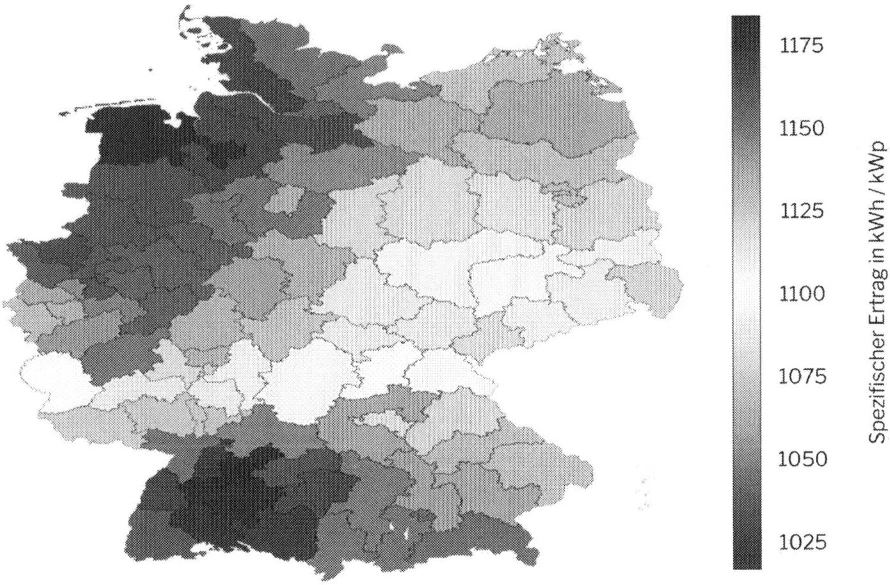

Abbildung 2: Spezifischer PV-Ertrag Jahreswerte kWh pro kWp aus 2020.

Quelle: Hochschule Trier: https://www.umwelt-campus.de/teheesen/forschung/pv-ertragsstudie (Stand 10.08.2022)

H. te Heesen, V. Herbort, M. Rumpler. Studie zum Ertrag von Photovoltaikdachanlagen in Deutschland 2020. Hochschule Trier. Februar 2021. DOI: 10.12140/RG.2.2.27835.75045/

Die Dachausrichtung und der Neigungswinkel haben, wie oben besprochen, neben der regional unterschiedlichen Sonneneinstrahlung einen Einfluss auf die Solarstromerträge. Die folgende Tabelle 2 mit den ***prozentualen Effizienzwerten*** der Module bei unterschiedlichen Dachausrichtungen und Neigungswinkeln benötigst du ebenfalls bei der Berechnung.

Dachneigung	10°	20°	30°	40°	50°
Süd (0°)	97 %	99 %	100 %	99 %	95 %
Südost oder Südwest (-45° bzw. +45°) Abweichung von Süd	94 %	95 %	95 %	90 %	88 %
Ost oder West (-90° bzw. +90°)	90 %	88 %	85 %	83 %	80 %

Tabelle 2: mit den ***prozentualen Effizienzwerten***

Schritt 1:

Ermittele deinen prozentualen Effizienzwert

Um den ***prozentualen Effizienzwert*** für dein Projekt zu ermitteln, kann die Tabelle 2 oben genutzt werden. Bei einem Dach mit angenommener 50-Grad-Neigung und einer Südwest-Ausrichtung liegt der Effizienzwert also bei 88 Prozent.

Schritt 2:

Berechnung des persönlichen Energieertrags

Um die Anlagengröße zu berechnen, muss als Nächstes der ***persönliche Energieertrag*** in Kilowatt pro Kilowatt-Peak auf das Jahr bezogen, ermittelt werden. Hierzu wird der ***prozentuale Effizienzwert*** aus Schritt 1 mit dem ***regionalen Energieertrag*** in Kilowattstunden pro Kilowatt-Peak (aus der Tabelle 1: Regionaler Energieertrag nach Bundesländern) multipliziert.

Beispiel für die Berechnung des persönlichen Energieertrags:

Formel:

$$\text{persönlicher Energieertrag}\left[\frac{kWh}{kWp*a}\right] = \text{prozentualer Effizienzwert [\%]} * \text{regionaler Energieertrag}\left[\frac{kWh}{kWp*a}\right]$$

$$\text{Persönlicher Energieertrag} = 88\ \% * 1050\left[\frac{kWh}{kWp*a}\right]$$

$$\text{Persönlicher Energieertrag} = 924\left[\frac{kWh}{kWp*a}\right]$$

So erhältst du einen persönlichen Energieertrag von 924 kWh pro installierter kWp im Jahr. Dieser Wert muss nun zur Berechnung für die Größe der Anlage in Schritt 3 verwendet werden.

Schritt 3:
Anlagengröße berechnen

In diesem Schritt setzt du nun den ***persönlichen Energieertrag*** aus Schritt 2 in die Formel ein:

$$\text{Anlagengröße} = \frac{\text{Jahresverbrauch in kWh} * 130\ \%}{\text{persönlicher Energieertrag}\left[\frac{kWh}{kWp*a}\right]}$$

Beispiel:

$$\text{Anlagengröße} = \frac{7500\left[\frac{kWh}{a}\right] * 130\ \%}{924\left[\frac{kWh}{kWp*a}\right]}$$

$$\text{Anlagengröße} = 10{,}55\ kWp$$

Für die Beispielfamilie mit einem Jahresverbrauch von 7.500

kWh ist bei der Dachneigung von 50 Grad und einer Südwest-Ausrichtung eine Anlage mit einer Gesamtleistung von 10,55 kWp sinnvoll.

Schritt 4:
<u>Die Berechnung des jährlichen Stromertrags:</u>

In diesem Schritt wird der jährliche Stromertrag berechnet. Dies ist also die Menge an Strom, welche deine Anlage rechnerisch pro Jahr erzeugen wird. Dazu trage in die Formel deine Ergebnisse aus Schritt drei für die Anlagengröße und aus Schritt 2 für den persönlichen Energieertrag ein.

$$\text{Jahresstromertrag}\left[\frac{kWh}{a}\right] = \text{Anlagengröße}\left[kWp\right] * \text{persönlicher Energieertrag}\left[\frac{kWh}{kWp*a}\right]$$

$$\text{Jahresstromertrag} = 10{,}55\ kWp * 924\left[\frac{kWh}{kWp*a}\right]$$

$$\text{Jahresstromertrag} = 9.748\left[\frac{kWh}{a}\right]$$

Die Familie wird also rechnerisch 9.748 kWh/a mit der eigenen Photovoltaikanlage produzieren.

Wie groß sollte deine Photovoltaikanlage sein, wenn du ein Elektroauto anschaffen möchtest?

Abhängig von den geplanten Verbrauchern, wie zum Beispiel einem Elektroauto, ändert sich auch der zukünftige Stromverbrauch und die Anlagengröße sollte an diesen zusätzlichen Verbrauch angepasst werden. Ein Elektroauto zählt definitiv zu einem großen Verbraucher und beeinflusst die benötigte jährliche Strommenge in Abhängigkeit zur Fahrleistung in Kilometern enorm. Doch nichts würde hier mehr Sinn ergeben, als die Größe der Photovoltaikanlage an den größeren Bedarf anzupassen. Denn erstens wird die Mobilität durch den Solarstrom deutlich sauberer und zweitens schont es deinen Geldbeutel. Während die Preise für Diesel und Benzin an den Zapfsäulen schwanken und auch die Preise für den Strombezug aus dem Netz in der Vergangenheit gestiegen sind, bleiben die Gestehungskosten (Kosten pro Kilowattstunde, mit den anfänglichen Investitionen für die Anlage, bezogen auf 25 Jahre Lebensdauer berechnet) für eine Kilowattstunde aus der eigenen Solaranlage mit ca. 0,14 € gleich. Die meisten Elektroautos bewegen sich auf 100 km bei einem durchschnittlichen Verbrauch von 15 bis 20 kWh. Dieser Wert hängt in der Praxis stark vom Fahrstil, der tatsächlichen Geschwindigkeit, dem Gesamtgewicht sowie Stromverbrauch von Verbrauchern an Board ab. Damit würden für 15 bis 20 kWh multipliziert mit 0,14 € pro Kilowattstunde jedoch Kosten von 2,10 € bis 2,8 € pro 100 km anfallen, welche weit unter den Kosten an einer Zapfsäule liegen. Ich bin nicht der Meinung, dass es wirtschaftlich ist, einen effizienten Verbrenner gegen ein neues Elektroauto auszutauschen. Steht jedoch eine Entscheidung für ein neues Auto im Raum, so lohnt es sich, ein Elektroauto in Betracht zu ziehen. Auch ideelle Hintergründe und der Wunsch nach emissionsarmer Mobilität sind natürlich starke Argumente für ein rein elektrisches- oder Hybrid-Fahrzeug, welches zu Hause sauber beladen werden kann.

Wie kannst du nun den zusätzlichen Bedarf an PV-Leistung berechnen?

Der Energiebedarf deines Elektroautos in Kilowattstunden (kWh) pro Jahr ergibt sich aus dem Verbrauch in Kilowattstunden auf 100 km multipliziert mit deiner jährlichen Fahrleistung in Kilometern.

Daraus ergibt sich folgende Formel:

Energiebedarf Elektroauto pro Jahr [kWh]
= Verbrauch [kWh] / 100 km * jährliche Fahrleistung [km]

Ich gehe für das Beispiel davon aus, dass 15.000 km pro Jahr gefahren werden und das Elektroauto einen Verbrauch von 15 kWh pro 100 km hat.

Beispiel:
Energiebedarf Elektroauto pro Jahr = 15 kWh /100 km * 15.000 km
Energiebedarf Elektroauto pro Jahr = **2.250 kWh**

Der zusätzliche jährliche Energiebedarf durch das Elektroauto liegt bei 2.250 kWh. Diese Energie soll nach Möglichkeit auch durch die Photovoltaikanlage gedeckt werden. Um auf die zusätzliche Leistung der Photovoltaikanlage zu kommen, berechnen wir mit dem regionalen Energieertrag (s. Tabelle 1: Regionaler Energieertrag nach Bundesländern). Für Niedersachsen sieht die Rechnung demnach wie folgt aus:

Beispiel:

Zusätzliche Größe der Photovoltaikanlage [kWp] = 2.250 [kWh/a] / 1050 [kWh/ kWp*a]

Zusätzliche Größe der Photovoltaikanlage [kWp] = **2,14 kWp**

Für das Elektroauto sollte nach der Berechnung in diesem Beispiel eine zusätzliche Leistung von 2,14 kWp installiert werden. Für die Familie mit einem Jahresstromverbrauch von 7.500 kWh und einer Fahrleistung mit dem Elektroauto von 15.000 km, was einem zusätzlichen Verbrauch von 2.250 kWh entspricht, sollte demnach eine Anlage mit insgesamt **12,69 kWp** (10,55 kWp + 2,14 kWp) installiert werden.

3. Schritt:

WELCHE KOMPONENTEN FÜR DEINE PV-ANLAGE?

Bevor ich darauf eingehe, welche Modultypen es gibt, worauf bei der Modulwahl zu achten ist, wie viele Module auf dein Dach passen und welcher Wechselrichter der richtige ist, möchte ich mit der Frage nach der Statik des Dachs und der Frage „Brauche ich eine Baugenehmigung?" zwei zentrale Aspekte vorab ansprechen und eventuelle Unsicherheiten diesbezüglich aus dem Weg räumen.

Statik – kann die PV-Anlage auf meinem Dach installiert werden?

Bei der Planung der Photovoltaikanlage kommt schnell die Frage auf, ob das Dach für die Installation statisch geeignet ist. Pro Quadratmeter Dachfläche solltest du von einem Gewicht von ca. 20 Kilogramm ausgehen. Dies beinhaltet ein Modul und das dafür benötigte Befestigungsmaterial. Hinweis: Ein Modul wiegt in der Regel 20 Kilogramm und hat in der Regel eine Fläche von 1,79 Quadratmetern. Bei den meisten Häusern ist der Dachstuhl bereits für größere Lasten ausgelegt, was vor allem in den Wintermonaten durch Schneelasten benötigt wird. Ein Blick in deine Baupläne sollte Klarheit schaffen, ob dein Dach fähig ist, zusätzlich auch das Gewicht einer

Photovoltaikanlage zu tragen. Im Zweifel ziehe einen Statiker hinzu, dieser kann für einen geringen finanziellen Aufwand Klarheit schaffen und eine Berechnung erstellen.

Benötige ich eine Baugenehmigung?

Eine Anfrage bei der zuständigen Baubehörde in deiner Region ergibt grundsätzlich Sinn. Eine Photovoltaikanlage ist eine bauliche Anlage und muss dementsprechend den jeweiligen baurechtlichen Bestimmungen entsprechen. Die installierenden Betriebe sind aber meist ebenfalls mit der rechtlichen Situation vertraut. Da es sich bei Photovoltaikanlagen mit wenigen Ausnahmen um genehmigungsfreie Vorhaben handelt, sofern sie parallel auf dem Dach installiert oder an der Fassade angebracht werden, ist eine Genehmigung in der Regel nicht notwendig. Beachte jedoch, dass das Baurecht trotzdem gilt. Frage daher sicherheitshalber bei deiner Gemeinde nach, ob du für deinen Wohnort nicht doch eine Baugenehmigung benötigst. Achtung! Bei Gebäuden, die unter Denkmalschutz stehen, ist die Rechtslage eine andere. Bitte unbedingt informieren und eine Genehmigung einholen! Es gibt zudem noch eine Neuerung mit dem Erneuerbare-Energien-Gesetz (EEG) 2023: So können, falls sich das Dach nicht eignen sollte, Photovoltaikanlagen bis 20 kWp Leistung auch auf Freiflächen, Garagen oder Carports installiert werden und trotzdem die Fördervergütung erhalten. Der Nachweis, dass sich die Dachfläche nicht für die Installation einer Anlage eignet, sollte dann aber erbracht werden können.

PV auf einer gemieteten Immobilie oder einer Eigentumswohnung?

Dies ist nicht ohne Weiteres möglich. Sowohl bei der gemieteten Immobilie als auch in einer Eigentümergemeinschaft muss das Einverständnis aller Beteiligten eingeholt werden. Du musst, wenn du Mieter bist, also deine Vermieter um Erlaubnis bitten. Die Frage ist, ob es sinnvoll ist, dass du als Mieter die Anlage installierst. Oder ob nicht lieber der Vermieter selber die Anlage installieren lässt. Was würde sonst – zum Beispiel – mit der Anlage passieren, wenn du aus der Immobilie ausziehst? In einer Eigentumswohnung müssen alle anderen Miteigentümer der Installation zustimmen. Generell solltest du dir die Zustimmung schriftlich geben lassen und vertraglich klären, ob die Dachfläche gegen eine Pacht genutzt werden darf oder ob sie dir unentgeltlich zur Verfügung gestellt wird.

Unterschiedliche Modultypen

Bei der Planung der Anlage spielt die Auswahl der Solarmodule eine zentrale Rolle. Hier bietet der Markt eine beträchtliche Auswahl. Es ist nicht leicht, sich aus diesem breiten Angebot die passenden Module auszuwählen. Unterschieden wird zwischen den unterschiedlichen Stoffen, aus welchen sich die Module zusammensetzen. Soll es eine speziell gehärtete Glasoberfläche für besondere Ansprüche, wie zum Beispiel bei einer hohen Schneelast sein oder doch ein Standardglas? Sollen es monokristalline Module sein, also einheitlich aussehende und sehr effiziente Module oder polykristalline? Die

polykristallinen Module sind nicht so effizient, dafür aber etwas günstiger. Polykristalline Module sind immer seltener am Markt zu finden. Die hohe Effizienz und der höhere Preis für monokristalline Module liegt darin begründet, dass die Kristalle aufwendig aus einer Siliziumschmelze gezüchtet werden. Der so entstehende Kristall wird nun in feinste Scheiben zersägt – die Wafer. Diese Wafer weisen nun eine geordnete Kristallstruktur auf und werden dann zu monokristallinen Hochleistungsmodulen verarbeitet. Auf die verschiedenen Modultypen gehe ich später noch ein.
Sollen es Module aus Europa sein oder sind auch asiatische Module denkbar? Es gibt also einige Fragen zu klären.
Wichtig ist meiner Meinung nach auch, hier zu schauen, wie die Bedürfnisse und Gegebenheiten sind. Es ergibt also Sinn, zu erfassen, wie viel Fläche zur Verfügung steht und wie viel Leistung die Photovoltaikanlage haben soll. Wie die richtige Anlagengröße im Verhältnis zum Verbrauch ermittelt werden kann, zeige ich dir im 2. Schritt „Die richtige Größe der PV-Anlage ermitteln".

Doch welchen Effekt hat das Modul auf die Leistung der Anlage? Die Module unterscheiden sich in ihrer Effizienz erheblich. Das heißt, effiziente Module haben pro Fläche eine deutlich höhere Leistung. Bei einer kleinen Fläche, die maximal genutzt werden soll, ergeben Hochleistungsmodule Sinn. In diesem Fall schränkt sich die Suche ohnehin ein, da möglichst viel Watt-Peak (Wp) an Leistung pro Modul vorhanden sein soll. Es gibt verschiedenste Hersteller und Leistungsversprechen beziehungsweise Leistungsgarantien. Der Markt der Hersteller ist in Bewegung und was nützt also eine 20-jährige Garantie, wenn es die Firma in zehn Jahren nicht mehr

gibt? Hier lohnt es sich genau zu prüfen, worauf die Garantie gegeben wird und wer diese gibt. Wir sehen auch hier, dass es sich rentiert, die Hersteller mit Bedacht zu wählen. Mein Tipp: Schauen, welche Hersteller schon seit langer Zeit am Markt sind. Mit hoher Wahrscheinlichkeit werden diese auch in Zukunft noch produzieren. Zudem gibt es Produktgarantien und Garantien auf die Leistungsfähigkeit der Module. Beide Garantien haben ihre Berechtigung und die Leistungsfähigkeit ist bei einer Lebensdauer von über 20 Jahren durchaus ein interessanter und wichtiger Aspekt. Neben der Herstellergarantie, welche sich auf die Funktionsfähigkeit des Produkts bezieht, bedeutet die Leistungsgarantie, dass der Hersteller eine Garantie auf die Leistung der Solarmodule gibt. Es wird garantiert, dass das Modul nach einer definierten Zeit noch eine gewisse Leistung erbringt. Oftmals liegt diese Garantie bei 90 Prozent der ursprünglichen Leistung nach zwölf Jahren und bei 80 Prozent der Leistung nach 25 Jahren. Zudem ist es sinnvoll zu prüfen, in welchem Land die Firma sitzt, da die Garantiebedingungen gegebenenfalls abweichen können.
Dächer oder Dachseiten, welche zwar mit Modulen belegt werden können, aber keine direkte Sonneneinstrahlung erfahren, können mit Schwachlichtmodulen belegt werden. Dies sind Module, welche auch bei indirektem oder diffusem Lichteinfall sehr effizient arbeiten. Wie sinnvoll das ist, bleibt im Einzelfall zu prüfen. Denn die direkte Sonneneinstrahlung erzeugt doch am meisten Strom. Wenn also alternativ Dachflächen mit direkter Sonneneinstrahlung zur Verfügung stehen, sollten diese primär genutzt werden.

Aufdachmodule

Die bekanntesten Module sind die Module, welche direkt auf das Dach montiert werden. Das sind die Aufdachmodule. Hier gibt es – wie oben beschrieben – eine große Auswahl. Es lohnt sich, Preis und Leistung sowie die Garantien zu vergleichen. Ein Vorteil der Aufdachmontage ist übrigens die Hinterlüftung, diese verhindert einen Hitzestau und so ist die Leistungsfähigkeit der Module weiterhin gewährleistet.

Glas-Folienmodule

Dies ist der am häufigsten verbaute Modultyp. Es handelt sich um Module, die eine Vorderseite aus speziellem Glas und eine Rückseite aus Kunststoff vorweisen. Dieses Modul wird sehr oft für Aufdachanlagen gewählt.

Halbzellenmodule

Diese Module sind sehr effizient. Die Zellen werden aufgeteilt und in parallel verschaltete Hälften geteilt. Die Module sind etwas teurer, aber sehr effizient und eignen sich ebenfalls für die Aufdachanlage.

Glas-Glas-Module

Glas-Glas-Module, welche sich für die Überkopfverglasung und damit zum Beispiel auch ideal für Carportdächer eignen, sind durch die Verglasung auf der Vorder- und Rückseite sehr belastbar. Installiert werden sollten die Module auf dem Carport mit einem Winkel von mindestens 5 Grad zur Horizontalen. So kann Niederschlag ablaufen und die Selbstreinigung wird unterstützt. Auch eine vertikale Installation dieser Module ist möglich. Die Glas-Glas-Module zeichnen sich durch ihre hohe Lebensdauer und mechanische Belastbarkeit sowie ein geringes Degradationsverhalten aus. Glas-Glas-Module können selbstverständlich auch auf dem Dach montiert werden.

Indachmodule

Diese Module werden direkt auf den Dachlatten verschraubt und ersetzen damit die Eindeckung durch Pfannen. Da keine weiteren Befestigungsmaterialien nötig sind, spart dies zudem Material ein. Es sprechen also sowohl finanzielle als auch optische Gründe für diese Module. Besonders bei der Planung eines Neubaus ergibt es Sinn, über diese Form der Module nachzudenken.

Solardachziegel

Neben den häufig gesehenen Solarmodulen, gibt es mittlerweile auch modernere Alternativen. Einige Hersteller bieten für die Eindeckung des Daches Ziegel an, welche gleichzeitig als Solarmodul fungieren und dabei erstaunlich effizient sind. Wer also ein Dach neu eindecken möchte oder gerade einen Neubau plant, sollte schauen, ob diese Option infrage kommen könnte. Außerdem haben Solardachziegel eine homogene Wirkung und kommen daher einem herkömmlichen Dach optisch sehr nahe. Zudem ist die Montage der Solarmodule in einem Arbeitsgang ohne Extrakosten umsetzbar.

Fassadenmodule

Fassadenmodule sind Module, welche sich besonders für die Nutzung an der Fassade eignen. Besonders ästhetische Gründe sprechen für teiltransparente Module. Baulich gilt es zu beachten, dass die Module mit allgemeiner bauaufsichtlicher Zulassung (abZ) kommen. Das heißt, die Module bestehen aus Spezialglas und zersplittern nicht. Das ist bei Anlagen, welche an öffentliche Grundstücke grenzen, besonders wichtig, um Passanten nicht zu gefährden. Insgesamt liefern Fassadenmodule etwas geringere Erträge, was an dem Einfallswinkel der Sonne liegt. Sie ergänzen die Anlage auf dem Dach aber sinnvoll und liefern gute Erträge, besonders im Winter, wenn die Sonne flach verläuft.

Checkliste für deine Modulwahl:

Benötigte Komponenten:

- Produktgarantie mehr als 10 Jahre
- Garantiegeber sitzt in Deutschland oder Europa
- Möglichst 25 Jahre Leistungsgarantie auf die Anfangsleistung
- Bauartzulassung und Schutzklasse II
- TÜV- oder VDE-Zertifizierung

Verschattung von Modulen

Wenn du die Anzahl der Module ermittelst und deine Anlage planst, achte darauf, dass die Module möglichst nicht verschattet werden. Wenn du dir unsicher bist, welche Schatten auf dein Dach fallen, solltest du dies im Verlauf des Tages über eine gewisse Zeit beobachten. Helfen können hier auch Smartphone-Apps, welche den Sonnenverlauf über das Jahr simulieren. In der App „sunnytrack" lassen sich so zum Beispiel auch Schatten über das ganze Jahr simulieren. Die Position und Höhe von Gebäuden oder Bäumen kann angegeben werden, um somit genaue Vorhersagen über den Schattenverlauf zu erhalten. Denn Bäume auf dem eigenen oder auf dem Nachbargrundstück, angrenzende Gebäude, Schornsteine,

Gauben etc. können einen Schatten auf einzelne oder mehrere Module werfen und somit die Leistung einzelner Module beziehungsweise eines gesamten Strings beeinträchtigen. Wieso kann der gesamte String betroffen sein?
Dies liegt an der Reihenschaltung der Module. Dadurch bestimmt die Leistung des schwächsten Moduls in der Reihe die Leistung des gesamten Strings. Mehr dazu und wie du deine Anlage bei Teilverschattung in der Leistung optimieren kannst, findest du in den nächsten Absätzen „Ergeben Leistungsoptimierer Sinn und was ist das eigentlich?" sowie „Was sind Bypass-Dioden?".

TIPP:
Eine App wie zum Beispiel *sunnytrack* kann dir dabei helfen, optimale Erträge aus der Photovoltaikanlage zu erhalten. Durch die Simulation von Sonnen- und Schattenverläufen kannst du die beste Position für deine Module bestimmen oder gegebenenfalls eine fundierte Entscheidung für oder gegen Leistungsoptimierer treffen.

Ergeben Leistungsoptimierer Sinn und was ist das eigentlich?

Leistungsoptimierer sind DC-DC-Wandler. Sie sorgen dafür, dass der in den einzelnen Solarmodulen produzierte Gleichstrom für das Gesamtsystem optimal gesteuert und genutzt wird. Warum sind diese nötig? Viele Wechselrichter besitzen standardmäßig zwei MPP-Tracker. Es geht also darum, den **M**aximum **P**ower **P**oint zu nutzen, also möglichst viel Ausbeute aus den Modulen und den verschalteten Strings zu nutzen. Zwei der MPP-Tracker ermöglichen es somit, dass zwei Strings angeschlossen werden können. Ein String ist der Zusammenschluss von mehreren Modulen. In vielen Fällen kann die Anlage, sofern die Module einheitlich nach Süden ausgerichtet sind, zu einem String verbunden werden. Lediglich die Leistungsaufnahme des Eingangs am Wechselrichter limitiert die Größe des Strings. Die Module sind dabei in Reihe verschaltet. Wird nun aber ein Modul zum Teil verschattet, sinkt die gesamte Leistung des Strings (siehe „Verschattung von Modulen") Hier kommen die Leistungsoptimierer zum Tragen. Findet nun die Ansteuerung der optimalen Gesamtleistung nicht mehr auf der Grundlage des Wechselrichters statt, sondern auf Grundlage der Regelung durch einen Leistungsoptimierer an jedem einzelnen Modul, so erzielt lediglich das schwächste Modul eine geringere Leistung und alle restlichen Module können weiterhin volle Leistung bringen. Dies funktioniert, da der Leistungsoptimierer dafür sorgt, dass alle Solarmodule im gleichen String mit ihrem einzelnen MPP an der Gesamtleistung des Systems des Solargenerators beteiligt sind. Die Leistungsoptimierer bieten außerdem die Möglichkeit, die Leistungen für jedes Modul in einer App auszulesen. Für eventuelle Fehleranalysen der Anlage kann dies ein Vorteil sein.

Gibt es auch Nachteile? Ja, denn die Leistungsoptimierer sind zusätzliche elektronische Bauteile, welche über die lange Betriebszeit der Anlage für Störungen sorgen könnten. Daher empfehle ich ganz klar, nach Möglichkeit darauf zu verzichten. Dies hat neben der möglichen zukünftigen Störquelle noch den zusätzlichen finanziellen Aufwand als Hintergrund. Zudem sind moderne Solarmodule mit mehreren Bypass-Dioden ausgestattet. Was das ist, beschreibe ich im nächsten Absatz.

Zusammengefasst:
Wird das Dach partiell verschattet, sodass ein gesamter String in seiner Leistung einbüßen würde, so kann es sinnvoll sein, Leistungsoptimierer zu verbauen. Diese sorgen dafür, dass jedes Modul für sich mit der besten Leistung an der Gesamtleistung des Systems beteiligt ist. Somit erhöht sich der Ertrag deutlich.

Was sind Bypass-Dioden und wie funktionieren sie?

Die Verschattung von Teilen der Module war, wie oben beschrieben, eine lange Zeit ein echtes Problem für die Leistung der Photovoltaikanlagen. Mittlerweile haben moderne Module Bypass-Dioden verbaut, die den Wirkungsgrad des Moduls bei Verschmutzung oder Teilverschattung optimieren können. Die Solarmodule werden – wie ich oben schon beschrieben habe – meist in Reihe geschaltet und zu Strings verschaltet. Dazu kann es zum Leistungsabfall des gesamten Strings kommen, wenn ein Modul verschattet oder verschmutzt ist. Im Extremfall kann das betroffene Modul durch die Spannung der anderen Module und deren Strom erhitzen. Infolge dessen kann es zu Schäden oder sogar zu Bränden führen. Damit dies nicht passiert, besitzen moderne Module Bypass-Dioden. Pro Modul sind mittlerweile meist mehrere Bypass-Dioden parallel zum Modul geschaltet. Diese leiten den Strom an der verschmutzten oder der verschatteten Stelle vorbei. Der betroffene Bereich wird somit ausgespart, der Bereich mit dem hohen Innenwiderstand wird also umgangen. Die Leistung des gesamten Strings sinkt dadurch nur minimal und die gesamte Photovoltaikanlage wird dadurch bei Teilverschattung oder Verschmutzung effektiver und sicherer.

Zusammengefasst:
Die Bypass-Dioden in modernen Modulen sorgen bei Verschattung dafür, dass deine Anlage leistungsoptimiert Strom produziert. Daher solltest du unbedingt prüfen, ob zusätzliche Leistungsoptimierer für dich überhaupt einen Sinn ergeben. In den meisten Fällen wird es aus Gründen der Leistungsoptimierung nicht sinnvoll sein.

Wie viele Module passen eigentlich auf mein Dach?

Um die Anzahl der Module zu ermitteln, welche auf dein Dach passen, benötigst du die Dachfläche in Quadratmetern. Diese kannst du entweder aus deinen Bauunterlagen entnehmen oder du berechnest die Fläche selber. Dabei ist es hilfreich, mit einer Leiter an das Dach zu gehen und die Fläche deiner verlegten Ziegel (wichtig, da nicht verlegte Ziegel eine andere Fläche besitzen) zu messen. Kurz gesagt: zunächst also die Länge und Breite der Ziegel ermitteln. Diese Werte kannst du nun in Meter umrechnen. Die Ergebnisse multiplizierst du miteinander und erhältst die Fläche pro Ziegel in Quadratmeter.

Beispiel: Länge (a): 36 cm Breite (b): 29 cm
Umrechnen in Meter: 36 cm = 0,36 m; 29 cm = 0,29 m
Fläche (A) = a x b

A = 0,36 m x 0,29 m
A = 0,1044 m^2 pro Ziegel

Nun zählst du alle Ziegel entlang der Regenrinne und alle Ziegel in Richtung Dachfirst. Den Wert multiplizierst du. Damit weißt du, wie viele Ziegel auf deiner Dachfläche liegen. Nun musst du das Ergebnis nur noch mit der Fläche deiner Ziegel multiplizieren und erhältst eine sehr gute Vorstellung davon, wie groß deine Dachfläche ist. Gegebenenfalls musst du noch Dachfenster oder Gauben von der Fläche abziehen.

Hier wieder ein Beispiel:
Angenommen an der Seite der Dachrinne liegen 40 Ziegeln und in Richtung Dachfirst hast du 21 Ziegeln gezählt. Dann sieht die Rechnung wie folgt aus:

Anzahl der Ziegel = 40 x 21
Anzahl der Ziegel = 840

Es liegen also auf der Dachhälfte 840 Ziegeln mit je einer Fläche von 0,1044 m^2.
Nun multiplizierst du die Anzahl der Ziegel mit der Fläche pro Ziegel:

Gesamtfläche = 840 x 0,1044 m^2
Gesamtfläche = **87,67 m^2**

Dein Dach hat also eine Fläche von **87,67 m^2.**

Wie kannst du nun die Anzahl der Module ermitteln?

Wenn du nun die Größe der Module kennst, welche du im Datenblatt findest, kannst du berechnen, wie viele Module auf dein Dach passen. Ein gängiges Format ist zum Beispiel 1.717 mm × 1.045 mm × 32 mm (Länge x Breite x Höhe). Da uns für die Berechnung der Fläche nur die Länge und Breite des Moduls in Meter interessiert, sind dies also 1,717 m x 1,045 m. Pro Modul sind dies also
A = 1,717 m x 1,045 m
A = 1,79 m^2

Um nun die Anzahl der Module zu ermitteln, rechnen wir wie folgt: Die Dachfläche geteilt durch die Fläche der Module ist gleich d Anzahl der Module.

Anzahl der Module = Dachfläche (Berechnung siehe oben): Modulfläche

Anzahl der Module = $87{,}67 m^2 : 1{,}79\ m^2$

Anzahl der Module = 48 Module

Achtung! Bitte beachte, dass die Module mit Abstand zum Dachrand montiert werden müssen. Dies liegt daran, dass der Wind hinter die Module fahren kann und diese bei Sturm abgerissen werden können. Daher die Module unbedingt leicht nach innen versetzt montieren. Dachfenster und Gauben musst du natürlich noch berücksichtigen und gegebenenfalls von der Fläche abziehen.

Es kann auch Sinn ergeben, ein Modell zu erstellen beziehungsweise zu zeichnen. Ein Zentimeter der Zeichnung entspricht dann zum Beispiel einem Meter in der Realität. Für dieses Modell kannst du dir Module im gleichen Maßstab erstellen, welche du nun hin- und herschieben kannst, um die richtige Anordnung auf deinem Dach zu finden. Dieser Schritt entfällt meistens jedoch, da die Installateure hierfür gute Programme haben. Falls du jedoch vorher selbst die Anordnung der Module testen möchtest, ist ein Modell oder eine Skizze ein geeignetes Mittel.

Wie werden die Module auf dem Dach befestigt?

Die Anzahl der Module ist ermittelt und auch die Entscheidung für einen Modultyp und Hersteller steht fest. Nun bleibt noch die Frage zu klären, welches Befestigungssystem für die Module gewählt wird.
Grundsätzlich gibt es für jeden Dachtyp die richtige Befestigungslösung. Obwohl es sich bei dem Montagesystem auf den ersten Blick um einen vielleicht nicht so wichtigen Aspekt handelt, ist das Montagesystem für das langfristige und sichere Betreiben der Photovoltaikanlage sehr wichtig. Die richtige Befestigung ist unablässig für den Werterhalt des Daches und damit auch der Immobilie. Schäden am Dach durch falsche Montage können also schnell die gesamte Wirtschaftlichkeit der Anlage negativ beeinflussen. Also bitte nicht nur bei der Auswahl der Module, des Speichers und des Wechselrichters genau hinsehen, sondern auch dem passenden Befestigungssystem Aufmerksamkeit schenken. Achtung! Entscheidest du dich für Solarziegel, also eine Form der neuesten Ziegel, welche gleichzeitig das Solarmodul sind, spielen diese Formen der Montagesysteme für dich keine Rolle.

Die Aufdachmontage mit Dachhaken

Die Aufdachmontage mit Dachhaken und Schienenträgern hat sich in vielen Fällen bewährt. Dieses System kann bei fast allen gängigen Dacheindeckungen wie zum Beispiel Dachsteinen, Ziegel, Dachpfannen, Schiefer, Biberschwanz etc. verwendet werden. Bei dieser Montageart werden aus den Ziegeln minimale Ausschnitte geschnitten, sodass die Dachhaken auf den Balken des Dachstuhls befestigt werden können. Ein wasserdichter Anschluss durch das Überlappen der Ziegel wird dabei immer gewährleistet. An die Dachhaken werden im Anschluss die Schienen montiert. Die Module werden letztlich an den Schienen befestigt. Diese Systeme bestehen aus witterungsbeständigen Aluminiumprofilen und sind deshalb auch robust und langlebig.

Die Indachmontage

Für Neubauten bietet sich eine Indachmontage an. Warum bei Neubauten? Hier können die Kosten für die Ziegel direkt zu Beginn eingespart werden. Der Dachstuhl kann für die Montage der Photovoltaikanlage vorbereitet werden, um die somit die Module direkt in das Dach einzulassen. Dadurch schließen sie gut ab und es entsteht ein dichtes sowie sicheres System. Die Lasten, die auf das Modul wirken, werden durch diese Form der Montage ebenfalls optimal auf den Dachstuhl verteilt. Insgesamt ist diese Form der Montage zwar etwas kostspieliger, doch aus ästhetischen und statischen Gründen kann die Verwendung bei einem Neubau sinnig sein.

Blechziegel mit Halterungen für Solarmodule

Alternativ gibt es für Bestandsgebäude noch die Möglichkeit, spezielle Blechziegel mit Halterungen für die Solarmodule zu wählen. In diesem Fall werden die vorhandenen Ziegel durch diese speziellen Blechziegel ersetzt. Dies kann nützlich sein, wenn mit höheren Belastungen zu rechnen ist. Besonders bei großen Schneelasten ist dieses System von Vorteil, da sich die Kräfte besser verteilen.

Flachdachmontage

Auch für Flachdächer gibt es einfache und passende Montagelösungen. Somit können Flachdächer genauso wie Satteldächer sinnvoll mit Solarmodulen genutzt werden. Neben Flachdachgestellen mit Südausrichtung sind auch Gestelle mit Ost-West-Ausrichtung zu finden. Wichtig ist hierbei, dass die Systeme ballastarm sind und das Gewicht optimal verteilen, damit die Last, die auf das Flachdach wirkt, kein Problem darstellt. Somit wird die Dachfläche optimal genutzt und die Erträge können über das Jahr optimal gewonnen werden.

Fassadenmontage

Auch für Fassaden gibt es die passenden Befestigungsmaterialien. Hier geht es darum, die Module an senkrechten Flächen zu befestigen. Es gibt Systeme, mit welchen die Module winklig an der Fassade befestigt werden und Systeme, bei denen die Module vertikal flach an der Wand installiert werden. Ob im Winkel oder flach installiert, bleibt dir überlassen. Die Installation ist insgesamt ohne Probleme möglich. Die einzige Herausforderung könnte auch hier sein, dass ein Gerüst nötig wird, um auch die höheren Fassadenbereiche zu erreichen.

Zusammengefasst:
Für jede Situation gibt es die passende Lösung und es lohnt sich, der Unterkonstruktion bei der Planung Aufmerksamkeit zu schenken, um den Modulen sicheren Halt zu geben und die Anlage somit langlebig zu betreiben.

Welcher Wechselrichter ist der richtige für mich?

Der Wechselrichter ist das zentrale Bindeglied zwischen dem Photovoltaikgenerator, also den Modulen auf dem Dach und dem Verbraucher. Hier wird der in den Modulen erzeugte Gleichstrom in sinusförmigen Wechselstrom mit einer Frequenz von 50 Hz gewandelt. Jede netzgekoppelte Photovoltaikanlage hat mindestens einen Wechselrichter, der diese Aufgabe übernimmt. Dies ist wichtig, da das Netz ebenfalls mit einer Frequenz von 50 Hz arbeitet. Der Wechselrichter ist dementsprechend netzgeführt und benötigt den Netzanschluss, um zu funktionieren. Lediglich Inselanlagen können mit selbstgeführten Wechselrichtern arbeiten. Zu Ersatzstrom und Notstrom findest du später im Buch mehr.
Der Wechselrichter sorgt zudem für die bestmögliche Anpassung an die optimale Kennlinie des Solargenerators (dies wird als MPP-Tracking bezeichnet). Er stellt sich also selbstständig auf die sich immer verändernden Leistungen des Solargenerators ein. Die Leistungsschwankungen kommen durch die unterschiedlichen Einstrahlungen zustande. Der Wechselrichter hat zusätzlich noch weitere Funktionen, wie beispielsweise Überwachung, Abschaltung über Nacht, Schutz vor Überstrom und

Überspannung, Steuerung beziehungsweise Schnittstellen zu diversen Verbrauchern wie zum Beispiel Wärmepumpen, Wallboxen, Speichern oder Ähnlichem.
Da der Wechselrichter als Herzstück den Gleichstrom in Wechselstrom umwandelt, ist eine der wichtigsten Anforderungen an ihn, dass er effizient arbeitet und die Verluste beim Wandeln möglichst geringgehalten werden. Hier unterscheiden sich die Geräte teilweise enorm.

Bei der Wahl des Wechselrichters sollte berücksichtigt werden, dass es verschiedene Wechselrichter für verschiedene Anwendungsgebiete und Bedürfnisse gibt. So wurden früher, bevor die Heimspeicher in den Haushalten immer beliebter wurden, meist einfache Wechselrichter verbaut, welche den Gleichstrom von den Solarmodulen in Wechselstrom für das Hausnetz umwandelten. Diese Wechselrichter werden auch heute noch verbaut, wenn eine Anlage zum Beispiel ohne Speicher installiert wird oder wenn eine Anlage mit einem Speicher installiert wird, welcher an das Wechselstromnetz, also AC-seitig, installiert wird.

Die Alternative ist der Hybridwechselrichter. An diesen kann zum Beispiel direkt ein Stromspeicher angeschlossen werden. Der Hybridwechselrichter ist dann in der Lage, den von den Solarmodulen erzeugten Gleichstrom ohne Wandlung direkt in den Speicher zu laden. Diese Systeme sind sehr effizient, da der Wandlungsprozess hier wegfällt. Gleichzeitig kann ein Hybridwechselrichter den Gleichstrom aber auch in Wechselstrom für das Hausnetz umwandeln und somit das Haus versorgen. Zu der Effizienz der einzelnen Systeme findest du

später im Kapitel „AC- oder DC-Speichersystem?" ausführlichere Informationen.
Ein Hybridwechselrichter kann meiner Meinung nach die richtige Wahl sein, wenn noch nicht klar ist, ob ein Speicher nachgerüstet werden soll oder nicht. Oder wenn zum Beispiel aktuell die finanzielle Situation keine Installation eines Speichers zulässt, dieser aber noch nachgerüstet werden soll. Denn zu einem späteren Zeitpunkt einen neuen Wechselrichter zu installieren, ist nicht nur zusätzlicher und unnötiger Aufwand, sondern auch wirtschaftlich sehr nachteilig. Dann lieber den Hybridwechselrichter installieren und diesen erst später voll in seinen Funktionen ausschöpfen.

Ist die Entscheidung getroffen, ob es ein Hybridwechselrichter werden soll, oder ein „normaler" Wechselrichter, dann stellt sich die Frage nach der Leistung und den Funktionen des Wechselrichters. Wie viel Leistung benötigt der Wechselrichter, was soll dieser eigentlich alles können und wie viele Strings können angeschlossen werden?

Die Leistung des Wechselrichters

Die Leistung des Wechselrichters ergibt sich aus der installierten Leistung auf dem Dach. Angenommen, es sind 10 kWp an Photovoltaikgeneratorleistung installiert, dann sollte der Wechselrichter dementsprechend nicht zu klein dimensioniert werden. Dabei spielt die Dachausrichtung und die Ausrichtung der einzelnen Strings eine große Rolle. Bei einer Ost-West-Anlage kann dies ganz anders aussehen als bei einer reinen

Süd-Anlage. Dies liegt daran, dass die Leistungsspitzen, die die Anlage erzeugt, sehr unterschiedlich sind. Bei einer reinen Süd-Anlage wird die Anlage bei optimalen Bedingungen nahe an die installierte Leistung von 10 kWp herankommen. Somit werden Leistungen von nahezu 10.000 W erreicht. Der Wechselrichter sollte somit auch eine Eingangsleistung von 10.000 W beziehungsweise 10 kW vorweisen. Ich empfehle für Südanlagen daher 90 bis 100 Prozent der Leistung des Photovoltaikgenerators.
Bei einer Ost-West-Anlage verteilt sich die Leistungsspitze über den Tag. Während auf der Ostseite am Morgen schon relativ viel Strom erzeugt wird, wird auf der Westseite noch wenig Strom erzeugt. Am Nachmittag und frühen Abend verhält es sich genau andersrum. Für diesen Fall kann auch ein 8 kW Wechselrichter ausreichen, das entspricht ca. 80 Prozent der installierten Photovoltaikgeneratorleistung. Denn die installierte Gesamtleistung von 10 kWp wird aufgrund der Dachausrichtung in der Realität nie erreicht werden.

Welche Features sollte ein moderner Wechselrichter mitbringen?

Der Wechselrichter sollte, wie schon oben erwähnt, sehr effizient arbeiten, um die Verluste gering zu halten. Außerdem sollte dieser die Möglichkeit für eine Notstromversorgung oder sogar eine Ersatzstromlösung optional bieten. Auf diese Funktion und deren ausführliche Erklärung gehe ich weiter unten im Kapitel „Liefert

meine Photovoltaikanlage bei einem Stromausfall eigentlich noch Strom?" ausführlicher ein. Es sei denn, dies ist von vornherein nicht gewünscht, dann muss diese Funktion nicht enthalten sein. Zudem sollte der Wechselrichter über ein optimales Schattenmanagement verfügen und dazu mindestens zwei MPP-Tracker bieten.
Bei Hybridwechselrichtern sind oft auch drei MPP-Tracker verbaut. Dadurch besteht die Möglichkeit, fast allen Dachbelegungen gerecht zu werden. Es könnten mit drei MPP-Trackern dementsprechend drei verschiedene Dachflächen, wie Ost, Süd und West mit jeweils einem String angeschlossen werden. Der dritte Eingang kann auf Wunsch aber oft auch genutzt werden, um einen Speicher in das System einzubinden. Bei Hybridwechselrichtern solltest du dich zudem über die Be- und Entladeleistung für die Speicher informieren. Diese sollten zu den Verbrauchern im Haus passen. Denn wenn gegebenenfalls die Entladeleistung zum Beispiel bei nur 3 kW liegt, muss häufiger Strom aus dem Netz bezogen werden. Dies liegt daran, dass sobald die Leistung von 3.000 W im Haus beispielsweise am späten Abend überschritten wird, der Wechselrichter mit dem Speicher diese Leistung nicht bereitstellen kann. Somit muss die Leistung, welche über 3.000 W liegt, aus dem Netz bezogen werden. Viele Geräte bieten mittlerweile aber weit über 3 kW Be- und Entladeleistung.
Außerdem solltest du im Datenblatt unbedingt nach den verfügbaren Schnittstellen schauen. Passen diese für deine Bedürfnisse? Welche Geräte planst du zu betreiben? Möchtest du eine Wärmepumpe über den Wechselrichter ansteuern? Falls ja, solltest du unbedingt prüfen, dass das Gerät dies auch unterstützt. Ebenso solltest du prüfen, welche Speichersysteme mit dem Wechselrichter optimal und effizient zusammenarbeiten. Bekannte Hersteller für Wechselrichter sind Fronius, SMA, SolarEdge, Kostal, Growatt, Huawei, SunGrow und Weitere. Bei dem Neubau eines

Hauses mit Heizungsanlage etc. lohnt es sich, mit den unterschiedlichen Gewerken zu sprechen und deine Wünsche klar zu formulieren. Nichts ist ärgerlicher, als später festzustellen, dass deine Geräte nicht sinnvoll zusammenarbeiten.

Checkliste für die Wahl deines Wechselrichters:

- Schneller Service im Falle eines Fehlers / einer Störung
- Garantie von mindestens fünf Jahren, optional erweiterbar
- LAN und WLAN-Anschlüsse
- Online- oder App-Überwachung der Anlage
- Selbsttätige Freischaltung ENS
- Isolationsüberwachung
- Gewünschte Schnittstellen für Kommunikation mit anderen Wunschkomponenten vorhanden?

DAS EIGENE VERBRAUCHSPROFIL

In diesem Buch bin ich bereits an einigen Stellen auf das individuelle Verbrauchsprofil eingegangen. Doch warum ist dieses meiner Meinung nach so wichtig, wenn du dich mit der Planung einer beziehungsweise deiner Photovoltaikanlage beschäftigst?
Nun, ganz kurz gesagt: Was bringt dir die beste Anlage, wenn du selbst nicht in der Lage bist, den Strom zu nutzen? Richtig: Nicht viel! Daher sollten dir vor der Planung der Anlage einige Parameter deines Verbrauchs bekannt sein. So zum Beispiel dein Jahresverbrauch in Kilowattstunden. Zudem wäre es gut zu wissen, wie hoch die Grundlast in deiner Wohnung oder deinem Haus ist. Denn diese wird sowohl nachts als auch tagsüber anfallen und dadurch das ganze Jahr über Strom verbrauchen. Neben der Grundlast ist dein Verbrauch in den Tages- beziehungsweise Nachtstunden sehr interessant. Hierfür ist es empfehlenswert, über einen längeren Zeitraum den Tagesverbrauch in den Zeiträumen von 06:00 Uhr morgens bis 18:00 Uhr am Abend sowie den Nachtverbrauch zwischen 18:00 und 06:00 Uhr zu protokollieren. Wieso ist das interessant? Je nachdem, ob du den Tag überwiegend zu Hause verbringt oder nicht, verteilt sich dein Strombedarf entsprechend, was sich signifikant auf dein Verbrauchsprofil auswirken wird. Bist du am Tag zu Hause, wird der erzeugte Strom beispielsweise direkt für Wäschewaschen, Kochen, Homeoffice, E-Auto und Weiteres verbraucht. Bist du überwiegend außer Haus, verbrauchst du weniger Strom und somit wird dieser in das

öffentliche Netz eingespeist. Es lohnt sich also, einen Blick auf das eigene Verbrauchsprofil zu werfen. Besteht der Wunsch, den eigen erzeugten Strom zu nutzen, ergibt es durchaus Sinn, das eigene Verhalten anzupassen und mögliche Abläufe durch ein Smart Home zu steuern. Somit könnten Geräte wie Spül- und Waschmaschine, Trockner und Weitere für dich arbeiten, selbst wenn du nicht zu Hause bist. Durch das im Juli 2022 verabschiedete Osterpaket liegen die Preise für die Einspeisevergütung (Festvergütung) für EEG-Anlagen mit Überschusseinspeisung bis einschließlich 10 kWp bei 8,2 Cent pro Kilowattstunde, bei Anlagen bis einschließlich 40 kWp Größe bei 7,1 Cent/kWh und für Anlagen bis 750 kWp bei 5,8 Cent pro Kilowattstunde (Stand 01.08.2022). Diese Einspeisevergütung wird mit hoher Wahrscheinlichkeit bestehen bleiben – es muss aber noch die Freigabe der EU-Kommission abgewartet werden. Die Höhe der Einspeisevergütung ist für viele Menschen nicht sonderlich attraktiv und der Eigenverbrauch des produzierten Stroms ist daher in vielen Fällen sinnvoller. Alternativ kannst du dich auch gegen den Eigenverbrauch entscheiden und den gesamten Strom einspeisen – dann wärest du Volleinspeiser. Was sind die Unterschiede?

Überschusseinspeisung

Vorrangig wird der Strom im eigenen Haushalt verbraucht und ausschließlich Überschussstrom, also Strom, welcher nicht verbraucht werden kann, eingespeist und verkauft. Hier gelten die oben genannten Vergütungen.

Einspeisevergütung für Überschusseinspeisung	
Leistung der PV-Anlage (kWp)	Einspeisevergütung (Cent/kWh)
bis 10	8,2
bis 40	7,1
bis 750	5,8

Volleinspeiser

Du entscheidest dich dafür, den gesamten erzeugten Strom einzuspeisen. Dafür erhältst du eine andere Einspeisevergütung, wenn dies dem Netzbetreiber vor der Inbetriebnahme beziehungsweise vor dem ersten Dezember des vorangegangenen Jahres in Textform mitgeteilt wird. Ein Wechsel zur Volleinspeisung ist also grundsätzlich jährlich möglich.

Einspeisevergütung für Volleinspeiser			
Leistung der PV-Anlage (kWp)	Einspeisevergütung (Cent/kWh)	Zuschlag für Volleinspeisung (Cent/kWh)	Einspeisevergütung insgesamt (Cent/kWh)
bis 10	8,2	4,8	13,0
bis 40	7,1	3,8	10,9
bis 100	5,8	5,1	10,9

Überschusseinspeiser oder Volleinspeiser – was tun?

Für welche Form der Einspeisung du dich entscheidest, hängt maßgeblich davon ab, welches Verbrauchsprofil du hast. Bist du viel zu Hause und nutzt den Strom direkt? Dann ist es meiner Meinung nach sinnvoll, dich für eine Überschusseinspeisung zu entscheiden. Hierfür erhältst du zwar eine geringere Einspeisevergütung, beziehst aber weniger Strom aus dem Netz, welcher deutlich teurer ist. Bist du jedoch tagsüber kaum zu Hause und kannst den eigenen Strom ohnehin kaum nutzen, dann ergibt es Sinn, dass du dich intensiv mit der Volleinspeisung auseinandersetzt. Denn hier kannst du durch den eingespeisten Strom eine deutlich höhere Vergütung erhalten. Schau also unbedingt, in welchen Tageszeiten deine Verbrauchsspitzen liegen. Liegen diese eher am Abend, und/oder in den frühen Morgenstunden, liefert dir deine Photovoltaikanlage in dieser Zeit nur geringe Mengen an eigenem Strom. Arbeitest du von zu Hause oder kannst den Strom tagsüber anderweitig sinnvoll nutzen, zum Beispiel für die Klimatisierung des Hauses oder die Produktion von Warmwasser, so kann die Teileinspeisung Sinn ergeben. Wichtig: Es ist möglich, auch mehrere Anlagen auf einem Dach zu installieren. Eine der Anlagen kann als volleinspeisend angemeldet werden, während die andere überschusseinspeisend angemeldet wird. Somit werden unterschiedliche Vergütungen in Anspruch genommen. Hierfür sind dann eine gesonderte Messeinrichtung und somit ein gesonderter Zähler notwendig.

Wie wird bei einer Anlagenleistung über 10 kWp vergütet?

Entscheidest du dich dazu, eine Anlage mit mehr als 10 kWp zu installieren, so wird die Einspeisevergütung für die Anlage als Mischvergütung berechnet. Hier möchte ich dir ein Beispiel für eine Anlage mit 15 kWp geben. Nimmst du diese im Dezember 2022 in Betrieb, dann erhältst du für die ersten 10 kWp 8,2 Cent (Vergütung für Anlagen bis 10 kWp) und für die restlichen 5 kWp 7,1 Cent pro Kilowattstunde (Vergütung für Anlagen bis 40 kWp). Speist du beispielsweise 6.000 kWh in das Netz ein, so bekommst du für 4.000 kWh die höhere und für 2.000 kWh die niedrige Vergütung. Es wird so berechnet, dass die 10 kWp zwei Drittel der Anlagenleistung sind und die 5 kWp, welche zusätzlich installiert sind, ebenfalls ein Drittel der Anlagenleistung ausmachen. Daher ergibt sich die unterschiedliche Vergütung.

Wie lange bekommst du die Einspeisevergütung?

Die Einspeisevergütung wird mit dem Inbetriebnahmeprotokoll festgeschrieben und von da an 20 Jahre lang gezahlt. Es gilt der Satz für die Einspeisevergütung, der im Monat der Inbetriebnahme aktuell war. Was nach Ablauf deiner Förderung mit der Anlage passiert, wenn die Anlage also nach 20 Jahren aus der Förderung fällt und zur Post-EEG-Anlage wird, findest du im übernächsten Absatz.

Degression der Einspeisevergütung

Was ist mit der Degression der Einspeisevergütung gemeint? Bisher wurde die Einspeisevergütung monatlich und nach einem festen System immer weiter reduziert. Mir selbst wurde im August 2019 für meine Anlage von 8,75 kWp noch eine Einspeisevergütung von 10,45 Cent pro Kilowattstunde zugesichert. Im Juli 2022 lag diese für Anlagen auf Wohngebäuden bis 10 kWp Leistung nur noch bei 6,34 Cent. Durch die neuen Regelungen im EEG 2023, welche im Juli 2022 getroffen wurden, stehen die oben genannten Einspeisevergütungen nun vorerst bis 2024 fest. Auch bei einer Verzögerung von der Anlagenplanung bis hin zur Inbetriebnahme kommt es also nicht zu geringeren Einspeisevergütungen. Denn erst ab Februar 2024 findet dann halbjährlich eine Degression der Einspeisevergütung um 1 Prozent statt. Das heißt, dass sich ab Februar 2024 die Einspeisevergütung jedes halbe Jahr um 1 Prozent von der aktuellen Einspeisevergütung reduziert. Aus 8,2 Cent pro Kilowattstunde für Anlagen bis 10 kWp bei Teileinspeisern wird dann nach der ersten Degression eine Einspeisevergütung von 8,118 Cent pro Kilowattstunde.

Was ist eine Post-EEG-Anlage?

Das Betreiben einer Photovoltaikanlage wird seit dem Jahr 2000 durch das EEG und die dort festgelegten Einspeisevergütungen gefördert. Wer also Strom aus der eigenen Photovoltaikanlage in das öffentliche Netz einspeist, erhält eine Einspeisevergütung. Diese EEG-Förderung ist auf eine Dauer von

20 Jahren festgelegt. Wie bereits erwähnt, ist die Höhe der Einspeisevergütung abhängig von der Inbetriebnahme und dem Zeitpunkt, zu dem die Anlage ans Netz gegangen ist. Zu Beginn waren die Einspeisevergütungen mit knapp 50 Cent pro Kilowattstunde sehr attraktiv. Dies hat zu einem starken Ausbau von Photovoltaikanlagen geführt. Im Laufe der Jahre ist die Einspeisevergütung Monat für Monat gesunken (siehe oben „Degression der Einspeisevergütung"). Demgegenüber waren die Anlagen damals verhältnismäßig teuer als heute. Dennoch kann sich der Betrieb einer Photovoltaikanlage heute – trotz deutlich niedrigerer Einspeisevergütung – immer noch lohnen. Doch was passiert mit den Anlagen, die vor mittlerweile über 20 Jahren in Betrieb genommen wurden, wenn sie aus der EEG-Förderung fallen? Fakt ist, dass nun eine Änderung für die Betreiber ansteht. Nichtsdestotrotz produziert die Anlage – bei Funktionsfähigkeit – weiterhin sauberen Strom und kann somit auch zukünftig betrieben werden. Um den Zustand der Anlage einschätzen zu können, empfiehlt es sich, einen Fachbetrieb zu kontaktieren, welcher die Anlage auf Mängel, Sicherheit und aktuelle Leistungsfähigkeit prüft. Die meisten Anlagen nehmen in ihrer Effizienz über die Jahre ab, produzieren aber weiterhin so viel Solarstrom, sodass eine Stilllegung noch nicht infrage kommt. Welche Möglichkeiten bestehen also konkret, sollte deine Anlage aus der EEG-Förderung fallen?

- Du kannst deine Anlage weiterhin betreiben und den erzeugten Solarstrom direkt verkaufen (Direktvermarktung).
- Du speist deinen Strom weiterhin ein. Der Netzbetreiber ist verpflichtet, diesen Strom abzunehmen. Jedoch zu den

aktuell an der Strombörse gehandelten Strompreisen. Die aktuellen Preise sind unter: *www.netztransparenz.de* einsehbar. Für 2021 lag der Jahresmittelwert des Marktwerts für Strom aus solarer Strahlungsenergie bei 9,562 Cent pro Kilowattstunde. Dies ist zwar weit weniger als die bisherige Einspeisevergütung der „alten Anlagen", aber immerhin sogar mehr als die aktuellen Einspeisevergütungen. Der Netzbetreiber kann noch eine Pauschale von 0,4 Cent pro Kilowattstunde abziehen. Wenn du ein intelligentes Messsystem (iMSys) nutzt, halbiert sich die Pauschale auf 0,2 Cent. Um diese Option zu wählen, musst du nichts weiter tun. Die Vergütung erfolgt nahtlos nach dem Ende deiner bisherigen Förderung.
- Du betreibst die Anlage weiter und legst den Fokus auf einen möglichst hohen Eigenverbrauch. Das heißt, du versuchst so viel des sauberen Stroms wie möglich im eigenen Haushalt zu nutzen und somit deinen Netzbezug zu reduzieren.
- Die Anlage ist eventuell nicht mehr sicher oder weist Mängel auf? Dann könnte ein Rückbau und Recycling anstehen. Zum Thema Recycling findest du im Kapitel „Recycling und Entsorgung" ausführliche Informationen.

Was ist die Direktvermarktung?

Die Direktvermarktung meint den Verkauf des überschüssigen Stroms an einen Anbieter zu den aktuellen Preisen der Strombörse. Um an der Direktvermarktung teilzunehmen, ist ein intelligentes Messsystem (iMSys) notwendig. Somit wird die Teilnahme am Strommarkt möglich und die Abrechnung über den eingespeisten und vermarkteten Strom kann geregelt werden. Da das private Handeln mit Strom über das Netz relativ komplex ist (beispielsweise entfällt die Netzentgeltbefreiung), wird die Eigenvermarktung meist von spezialisierten Dienstleistern, den Direktvermarktern übernommen.

TIPP: Aktuelle Einspeisevergütungen lassen sich schnell online einsehen

Was hat nun das Verbrauchsprofil mit der Planung der Anlage zu tun?

Je nachdem wie das Haus gebaut ist und wie die Dachflächen zu den Himmelsrichtungen ausgerichtet sind, ergibt es Sinn, die Anlage auch passend zum eigenen Verbrauch zu planen und umzusetzen. Wer sich mit einem Neubau beschäftigt, kann hier von Anfang an sinnvoll planen. Besteht die Möglichkeit, mehrere Dachflächen mit Solarmodulen zu belegen, empfiehlt es sich in den meisten Fällen, die Module über die vorhandenen Dachflächen zu verteilen. Dies liegt daran, dass die Sonne sich im Laufe des Tages von Ost nach West bewegt. Belege ich nun lediglich die Südseite, habe ich zwar am Morgen und am Abend auch geringe Erträge, doch die meiste Energie wird in der Mittagszeit von den Solarmodulen bereitgestellt. Wird über Tag durch Abwesenheit kein Strom verbraucht, wird dieser nicht direkt abgenommen. Es kann dazu führen, dass die Anlage auf 70 Prozent der installierten

Leistung herabgeregelt wird. Im Falle einer Kfw-Förderung sogar auf bis zu 50 Prozent. Doch auch hier wird es zum Januar 2023 Änderungen geben, sodass die 70-Prozent-Regelung für Neuanlagen sicher und für Bestandsanlagen mit hoher Wahrscheinlichkeit entfallen wird. Diese Regelung ist aktuell noch vorgegeben und kann zu erheblichen Einbußen bei der Produktion über das Jahr führen. In einem solchen Fall (reine Südausrichtung) würde zudem am Morgen und am Abend nur wenig Energie für die Anlagenbetreiber bereitstehen, da auf dem West- und dem Ost-Dach keine Module installiert sind. Hier kann durch das sinnvolle Verteilen der Module über die vorhandenen Dachflächen dafür gesorgt werden, dass auch bei Abwesenheit am Tag noch deutlich mehr Energie am Abend und am Morgen zur Verfügung steht, indem die Ost- und die West-Fläche ebenfalls mit Modulen belegt werden. Dadurch verteilt sich die Leistung der Anlage besser über den gesamten Tag. Bist du am Tag überwiegend zu Hause, kann eine Verteilung der Module über das Dach ebenfalls zweckmäßiger sein als eine reine Südbelegung. Es lohnt sich dementsprechend, sofern es möglich ist und Dachflächen vorhanden sind, die Verteilung der Module, dem Verbrauchsprofil anzupassen. Wer ein Satteldach mit reiner Ost-West-Ausrichtung oder Nord-Süd-Ausrichtung hat, verfügt leider über weniger Optionen. Bei einer Ost-West-Ausrichtung wäre zu überlegen, wann mehr Strom benötigt wird und auf die entsprechende Dachseite mehr Module zu installieren. Wer am Abend die Energie benötigt und abnehmen kann, installiert dementsprechend auf der Westseite des Daches mehr Module.

Bei einer Nord-Süd-Ausrichtung empfiehlt es sich, die Südseite so stark wie möglich mit Modulen zu belegen. Verglichen mit der Nordseite ist diese Fläche deutlich effektiver.

Die Produktionsspitzen liegen hier allerdings immer in der Mittagszeit und am Abend sowie am Morgen kommen nur geringe Leistungen zustande.

Damit sind wir dann bei der Frage, ob ein Speichersystem zweckmäßig sein kann, um den selbst produzierten Strom auch am Morgen und/oder Abend zu nutzen? Auch hierfür ist es wichtig, den eigenen Nachtverbrauch zu kennen, um die richtige Speichergröße zu ermitteln. Hierauf möchte ich im nächsten Kapitel „PV-Anlage mit Stromspeicher“ eingehen.

4. Schritt:

MÖCHTEST DU EINE PV-ANLAGE MIT ODER OHNE SPEICHER?

1. PV-Anlage mit Stromspeicher

Warum denken viele Menschen über einen Speicher nach und weshalb erfreuen sich Heimspeicher immer größerer Beliebtheit? Um dies zu verstehen, schauen wir uns zunächst die viel diskutierten Aspekte an, welche für einen Speicher sprechen können. Hier spielen bei der Entscheidung für oder gegen einen Speicher folgende Faktoren eine Rolle: individuelle Wünsche nach Autarkie, Ersatzstromfähigkeit der Anlage, Wirtschaftlichkeit und Weitere.

Doch warum ergibt es Sinn, über einen Speicher nachzudenken? In den meisten Haushalten sind die Bewohner tagsüber aufgrund von Voll- oder Teilzeitarbeit nicht zu Hause. Dies bedeutet, dass der über Tag produzierte Strom nicht verbraucht werden kann und somit eingespeist wird. Kommt dann jedoch am Abend und morgens ein vermehrter Strombedarf auf, muss dieser trotz Photovoltaikanlage auf dem Netz bezogen werden, sofern kein Stromspeicher zur Verfügung steht. Der Wunsch, den Strom vom Dach unabhängig von den Tageszeiten zu verbrauchen, führt somit unweigerlich dazu, dass sich viele Menschen mit der Thematik eines Heimspeichers befassen. Hier kann der Strom, welcher am Tag produziert wurde, eingespeichert werden und steht dir nach Bedarf zur Verfügung, wenn deine Anlage keinen direkten Strom produziert. In der folgenden Grafik möchte ich zeigen, wie sich der Verbrauch und die Produktion ohne und mit Heimspeicher verhält.

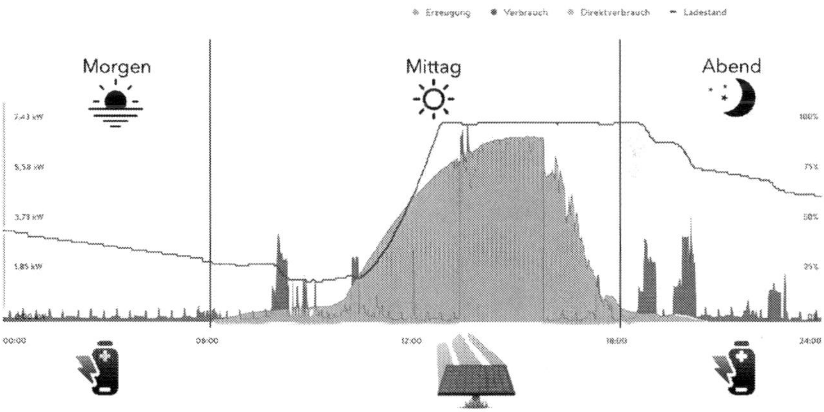

Abbildung 3: Verteilung von Erzeugung, Verbrauch, Direktverbrauch und Bezug aus Speicher über den Tagesverlauf

Betrachten wir das Thema der Wirtschaftlichkeit einmal genauer.

Die meisten Heimspeicher kosten ca. 1.000 € je kWh Kapazität. Ein Speicher mit 10 kWh Kapazität kostet demnach um die 10.000 €. Je nach Bundesland gibt es Förderungen und es lohnt sich hier, sich vor der Anschaffung darüber zu informieren. Gehen wir von einem Speicher mit 10 kWh Kapazität aus. Dieser wird in den Wintermonaten jedoch oftmals nicht beladen, da die Leistung vieler Anlagen nicht ausreicht, um im Winter 10 kWh zu produzieren. Gerade bei Häusern mit Wärmepumpe wird der produzierte Strom meist direkt im Haushalt verbraucht. Im Sommer jedoch, wenn die Sonne früh aufgeht und spät untergeht, wird der Speicher in vielen Haushalten nicht leer, da die Grundlast zum Beispiel bei 400 W liegt. Somit sind selbst nach zehn Stunden nur 4 kWh verbraucht und 6 kWh verbleiben im Speicher. Die gesamte Kapazität wird also selten genutzt. Hier lohnt es sich aber sehr genau auf das eigene Verbrauchsprofil zu schauen. Backe ich am Abend gerne? Betreibe ich mehrere Aquarien? Betreibe ich im Sommer einen Pool? Nutze ich andere elektrische Verbraucher in der Nacht? Lade ich mein E-Auto am Abend? All diese Fragen beziehungsweise Verbraucher beeinflussen, ob der Speicher über Nacht leer wird oder nicht. Ich selber lade das E-Auto meist am Nachmittag oder Abend. Daher wird der Speicher eigentlich fast täglich leer. Das Problem ist in den Wintermonaten eher, dass der Speicher nicht mehr voll wird.

Wird dieser nicht voll oder im Sommer wie oben beschrieben nicht leer, so wird dieser schnell unwirtschaftlich. Somit würde die Investition – im Verhältnis zur angeschafften Kapazitätsgröße – nicht ausgeschöpft werden. Daher ist es wichtig, vor der Anschaffung den Nachtverbrauch zu ermitteln und das eigene Verbrauchsverhalten im Blick zu haben. Bei der Frage nach der Wirtschaftlichkeit muss zudem berücksichtigt werden, dass der eingespeicherte Strom nicht über die Einspeisevergütung verkauft werden kann. Besonders bei Bestandsanlagen, bei welchen eventuell ein Speicher nachgerüstet werden soll, ist dies ein wichtiger Faktor. Ist die Einspeisevergütung noch relativ hoch und attraktiv, muss der Preis pro Kilowattstunde für den Netzbezug recht hoch sein, damit sich eine Anschaffung des Speichers lohnt. Hierzu ein Rechenbeispiel:

Wenn angenommen an 200 Tagen im Jahr der 10 kWh Speicher komplett be- und entladen wird, macht dies eine Menge von 2.000 kWh, welche aus dem Speicher genutzt wird.
Würde diese Menge eingespeist werden, würde hieraus eine Einnahme entstehen. Bei einer angenommenen Einspeisevergütung von 0,1045 € sieht die Rechnung wie folgt aus:
2.000 kWh x 0,1045 €/kWh = **209 €.**

Wenn du nun also diese 209 € nicht mehr als Einnahme hast, verzeichnest du vorerst einen Verlust. Nun kostet dich der Netzbezug natürlich auch Geld. Angenommen du beziehst für 0,35 €/kWh aus dem Netz, dann hätten dich 2.000 kWh also 700 € gekostet. Davon musst du nun aber die 209 € abziehen, welche dir ja entgangen sind. Bleiben also 491 €, welche du bei 2.000 kWh aus dem Speicher eingespart hast. Rechnest du dies auf zehn Jahre hoch, so kommst du auf 4.910 €. Damit hätte der Speicher sich jedoch noch lange nicht abgezahlt. Ganz im Gegenteil: Der Speicher verlängert die Amortisation der Gesamtanlage deutlich. Anders ausgedrückt: Gehen wir von einer Investitionssumme von ca. 7.000 € für 10 kWh (nach Abzug von Förderpaketen, sofern vorhanden) aus. Bei 2.000 kWh im Jahr sind das in zehn Jahren 20.000 kWh, welche du aus dem eigenen Speicher nutzt. Teilst du die Anschaffungskosten von 7.000 € durch die 20.000 kWh, kommst du auf einen Preis pro Kilowattstunde von 0,35 €. Das heißt also, dass du im Grunde auch die 20.000 kWh für 0,35 € aus dem Netz hättest beziehen können. Der einzige Unterschied ist der, dass dir die Einspeisevergütung noch entgangen ist. Dies musst du noch zu den Kosten für zehn Jahre addieren. Macht also 7.000 € + (10 x 209 €) = 9.090 €. Nun liegt der Preis pro kWh noch einmal höher. Denn 9.090 € geteilt durch die 20.000 kWh sind 0,45 € pro kWh. Ich liege also über dem aktuellen Preis für Strom aus dem Netz (Stand August 2022). Wie die Strompreise sich entwickeln, wissen wir alle nicht. Es ist davon auszugehen, dass Energiekosten nicht günstiger werden. Trotzdem zeigt das Beispiel, dass ein Speicher schnell unwirtschaftlich werden kann. Kleinere Speicher kosten erstens in der Anschaffung weniger, zweitens werden sie häufiger pro Jahr in ihrer Kapazität genutzt und dadurch werden sie auch schneller wirtschaftlich.

Liegen keine idealistischen Gründe, der Wunsch nach einer ersatzstromfähigen Anlage oder Ähnlichem vor, sollte die Anschaffung eines Stromspeichers gut überlegt sein. Denn wirtschaftlich sind viele Speichersysteme aufgrund der hohen Anschaffungskosten und der entgangenen Einspeisevergütung nicht. Es muss jedoch beachtet werden, dass im oben aufgeführten Rechenbeispiel noch eine Einspeisevergütung von 10,45 Cent pro Kilowattstunde zugrunde liegt. Kalkuliere mit deiner aktuellen Einspeisevergütung und den Kosten für einen Speicher, nach wie viel Jahren sich dieser amortisiert, wie sich dieser auswirkt und ob er sich lohnt. Speicherhersteller und Installateure bieten immer wieder Speicher inklusive

Freimengen und Clouds an. Was es damit auf sich hat, werde ich dir im Anschluss an das folgende Kapitel erklären, in welchem ich darauf eingehe, wie du die richtige Speichergröße ermitteln kannst.

Die Entscheidung steht: Du möchtest einen Speicher haben! **So ermittelst du die richtige Speichergröße!**

Steht nun nach reiflicher Überlegung fest, dass ein Speicher angeschafft werden soll, stellt sich im nächsten Schritt die Frage nach der richtigen Größe. Diese lässt sich nicht pauschal ermitteln. Es gibt immer wieder Informationen dazu, dass sich pro Kilowatt-Peak installierter Leistung 1 kWh Speicherkapazität empfiehlt. Ich selbst halte diese Grundlage als hilfreich für die Entscheidungsfindung. Insgesamt jedoch zu undifferenziert. Meiner Meinung nach hängt die richtige Speichergröße – nicht zuletzt aus den oben genannten Kostengründen – stark von den individuellen Wünschen ab. Legst du auf eine wirtschaftliche Anlage wert, solltest du dich für eine andere Speichergröße entscheiden. Willst du wiederum möglichst autark und auch für den Stromausfall gewappnet sein, planst du unter Umständen anders.

Wählst du einen zu kleinen Speicher, erreichst du damit nicht die gewünschte Erhöhung der Eigenversorgung. Entscheidest du dich für einen deutlich überdimensionierten Speicher, nutzt du diesen nicht effizient, da er im Sommer nicht leer wird und im Winter nicht genug Photovoltaikleistung zur Verfügung steht, um den Speicher zu beladen. Bei der Ermittlung der richtigen Speichergröße sollten also folgende Faktoren berücksichtigt werden:

- Wie hoch ist der persönliche Jahresstromverbrauch in Kilowattstunden?
- Wie hoch ist der tägliche Verbrauch über 24 Stunden und wie verteilt sich dieser über den Tag?
- Wie groß ist die Photovoltaikanlage?
- Welche Autarkie soll erreicht werden?

Hier nun die Berechnung:
Werden im Jahr beispielsweise 7.500 kWh verbraucht, sind dies im Durchschnitt 20,5 kWh pro Tag. Je nach Verbrauchsprofil fallen unterschiedlich große Anteile dieses Verbrauchs tagsüber oder am Abend an. Wer beispielsweise spät am Abend kocht und erst danach die Spülmaschine einschaltet, wird in dieser Zeit Strom aus dem Netz beziehen. Um deinen Bedarf zu ermitteln, bietet es sich an, für einige Tage oder sogar Wochen zu notieren, wie dein Verbrauch zwischen 18:00 Uhr und 6:00 Uhr ist. Dies ist der Nachtverbrauch. Liegt dieser regelmäßig bei 7-10 kWh, so ist dies ein guter Richtwert für die richtige Speichergröße. Liegt dein Verbrauch jedoch nur bei 2,5 kWh, solltest du genau prüfen, ob ein großer Speicher überhaupt Sinn ergibt.
Durchschnittlich wird davon ausgegangen, dass 60 Prozent des durchschnittlichen Tagesverbrauchs über 24 Stunden in

Kilowattstunden an Speicherkapazität zur Verfügung stehen sollten. Dies lässt sich wie folgt berechnen:

Speichergröße = Jahresverbrauch in kWh / 365 Tage x 60%

Beispiel:
Speichergröße = (Jahresverbrauch 7.500 kWh / 365 Tage) x 60%
Speichergröße = 12,3 kWh / Tag

Der Speicher sollte daher eine Größe von 12,3 kWh haben, um eine maximale Eigenversorgung im Einklang mit den Anschaffungskosten zu erreichen.

Da die Ladung des Speichers durch den Strom aus der Photovoltaikanlage erfolgt, sollte diese ca. die gleiche Größe in Kilowatt-Peak haben. Deshalb wäre in diesem Beispiel eine Anlage von 12,3 kWp sinnvoll. Die Anlagegröße, die wir mit den Beispielzahlen im zweiten Schritt ermitteln haben (der Wert ohne Elektroauto wird hier nun zugrunde gelegt), lag bei 10,55 kWp. Je nach Speicherhersteller lassen sich verschiedene Speichergrößen wählen, welche üblicherweise in 2,5 kWh Abstufungen angeboten werden. 5 kWh, 7,5 kWh, 10 kWh, 12,5 kWh oder mehr. In diesem Beispiel wäre die Wahl zwischen einem 10 kWh Speicher und einem 12,5 kWh Speicher sinnvoll – dieser passt am besten zur Anlage mit 10,55 kWp Leistung. Gehen wir davon aus, dass zusätzlich auch ein Elektroauto beladen wird, liegt die Anlage mit 12,69 kWp in einem Bereich, bei der sich ein größerer Speicher von 12,5 kWh empfiehlt.

Nehmen wir an, dass die Familie aus dem Beispiel, wie in Schritt 4 der Berechnung ermittelt, 9.748 kWh pro Jahr mit der eigenen Photovoltaikanlage (10,55 kWp) produziert. Dann können wir von einer Abdeckung durch die Anlage inklusive Speicher von 75 Prozent ausgehen, was ein realistischer Wert ist. Dies entspricht 5.625 kWh, die die Familie selbst durch die Photovoltaikanlage plus Speicher abdecken kann. Also 7.500 kWh * 75 % = 5.625 kWh.

Die Differenz zu der Produktion von 9.748 kWh beträgt 4.123 kWh (9.748 kWh - 5.625 kWh). Diese Menge an überschüssiger Energie wird nun eingespeist und mit der EEG-Vergütung für Anlagen bis 40 kWp Größe mit 8,2 Cent/kWh vergütet (Stand 01.08.2022). Bezogen wird in Zukunft noch der Anteil an Strom, welcher nicht über die Photovoltaikanlage und den Speicher abgedeckt werden kann. Also 1.875 kWh (7.500 kWh - 5.625 kWh). Die bisherige Stromrechnung reduziert sich in diesem Fall um den Anteil, der selbst verbraucht wird. Dies sind 5.625 kWh multipliziert mit dem aktuellen Strompreis für den Netzbezug. Aktuell sind 0,35 €/kWh realistisch. Das ergibt in Summe 1.968 € (5.625 kWh x 0,35 €/kWh) für den zugekauften Strom. Gehen wir davon aus, dass der gesamte überschüssige Strom eingespeist wird, berechnet sich daraus eine Einnahme von 338 € zuzüglich Mehrwertsteuer (4.123 kWh x 0,082 €/kWh, zzgl. MwSt.). Alternativ kann durch das im Kapitel „Wie kannst du mit oder ohne Speicher deinen Eigenverbrauch erhöhen?" genannte Verbraucherverhalten und durch ein eventuell zusätzliches, intelligentes Lademanagement für ein E-Auto der Eigenverbrauch weiter erhöht werden. Hierdurch würden sich die Einnahmen durch das Einspeisen allerdings reduzieren. Da die Einspeisevergütung jedoch im Verhältnis zum Preis für die bezogene Energie deutlich geringer ist, lohnt es sich, den Eigenverbrauch zu optimieren. Wichtig: Es geht nicht darum, mehr Strom zu nutzen, sondern den Verbrauch in die sonnenreichen Stunden zu verlegen.

Die Stromrechnung der Familie könnte sich also wie folgt verringern:

Bisherige Stromrechnung ohne eigene PV und Speicher:
2.652 € € (7500 kWh x 0,35 € / kWh)
Einsparung durch Eigenverbrauch (s. oben):
-1968 € (5.625 kWh x 0,35 € / kWh)
Einnahmen durch Stromverkauf (s. oben):
- 338 € (4123 kWh x 0,082 € / kWh)

Neue Stromkosten pro Jahr: 346 €
Entspricht also einer Einsparung von:
2.306 € / Jahr (2652 € minus 346 €)

PV-Anlage mit Speicher und einer Cloud?

Immer wieder werden Clouds oder Freimengen mit den Anlagen angeboten, welche eine 100 Prozent Autarkie und damit eine Unabhängigkeit vom Netz versprechen. Das ist meiner Meinung nach falsch. Autark zu sein bedeutet, sich ohne Netzstrom zu versorgen. Wer jedoch eine Cloud nutzt

oder Freimengen bezieht, bezieht diese aus dem Netz. Hier geht es lediglich darum, dass die Freimenge oder das

Kontingent in der Cloud zuvor durch die Einspeisung in sonnenreichen Monaten angespart wurde. Der Strom, der dann aus dem Netz bezogen wird, ist weder der eigene Strom, noch ist es eine netzunabhängige Lösung. Speist du Strom ein, wird dir dieser anteilig als Gutschrift zu einem späteren Zeitpunkt bereitgestellt. Heißt im Umkehrschluss: du bekommst nicht die gleiche Menge an Strom als Freimenge aus der Cloud, die du eingespeist hast. Das liegt daran, dass der Anbieter den Strom zwar abnimmt, der Kunde dafür jedoch auch die Einspeisevergütung abtritt. Der Anbieter kann diesen Strom nun vermarkten. Der Kunde wird anteilig entschädigt und erhält dadurch eine Freimenge oder das Kontingent in der Cloud. Dies klingt zunächst fair und sinnvoll. Zu berücksichtigen ist, dass die Speichersysteme meist teurer sind als Speichersysteme ohne Freimengen oder Clouds. Zudem werden häufig sehr große Anlagen installiert, um auf große Einspeisemengen zu kommen. Das führt dazu, dass die Freimenge größer und deshalb am Anfang eine größere Investition nötig wird. Durch diese größere Investition kann die Jahresstromabrechnung tatsächlich bei null Euro liegen. Die eigenen Stromkosten durch eine einmalige Anschaffung auf null Euro pro Monat zu senken, ist für viele Kunden sehr verlockend. Eine Kalkulation bringt Klarheit, ob dies wirklich die sinnvollste Lösung darstellt. Oftmals werden Verträge angeboten, welche Klauseln enthalten, die eine Änderung oder Anpassung der Kosten durch den Anbieter in Zukunft zulassen. Auch diese möglichen Änderungen sollten bedacht werden beziehungsweise die Verträge genauestens geprüft werden. In vielen Fällen wird bei der Erstellung des Angebots zudem von weiteren Preissteigerungen für Energie ausgegangen. Das ist sicherlich nicht von der Hand zu weisen. Die

Preisentwicklung pro Kilowattstunde aus der Vergangenheit zeigt einen eindeutigen Trend nach oben. Wie hoch diese Steigerung jedoch konkret in Zukunft aussehen wird, lässt sich – wie schon erwähnt – schwer voraussagen. Daher bin ich der Meinung, dass es sich lohnt, genau zu prüfen, welche Investition nötig wäre, um keine monatlichen Stromkosten mehr zu zahlen zu müssen. Zumal die Einspeisevergütung bei vielen Produkten an den Vertragspartner abgetreten wird. Eventuell könnte es sinnvoller sein, eine kleinere Anlage zu installieren und unabhängig von einem Anbieter den Strom einzuspeisen beziehungsweise einzukaufen. Somit kann Geld eingespart und zusätzlicher Strom jederzeit – ohne lange Vertragsbindungen – von Anbietern am Markt bezogen werden.

Welche gängigen Speicher gibt es?

Generell lässt sich zwischen Stromspeichern wie Batterien und Speichersystemen auf beispielsweise Wasserstoffbasis unterscheiden. Ich gehe hier zunächst auf die Batteriesysteme ein.

Die meisten Systeme werden entweder zusammen mit einem intelligenten Energiemanagementsystem verkauft oder jenes System muss zusätzlich erworben werden. Die Speichergrößen variieren im Heimspeicherbereich von kleinen Speichern unter 10 kWh Kapazität bis theoretisch in die Megawattstunden, was für Privathaushalte allerdings unwirtschaftlich ist. Deshalb werden hier häufig Speichersysteme zwischen 10 kWh und 20 kWh verbaut. Hierbei setzen die einzelnen Hersteller auf verschiedene Zellchemie. Durchgesetzt hat sich hier mehr und mehr die Zelltechnologie, die auf Lithium-Eisenphosphat setzt. Diese Zellen zeichnen sich nicht nur durch ihre Zyklenfestigkeit, also ihre Langlebigkeit und hohe Be- und Entladung, sondern auch durch ihre hohe Sicherheit aus. Brände sind mit dieser Zellchemie daher fast auszuschließen.

Die Stromspeicher

Bevor ich auf die unterschiedlichen Systeme, nämlich AC-Speichersysteme und DC-Speichersysteme eingehe, möchte ich zur besseren Verständlichkeit kurz die Abkürzungen AC und DC klären. Die Begriffe AC und DC stehen in diesem Zusammenhang für Alternating Current und Direct Current, also Wechselstrom und Gleichstrom. Der normale Hausstrom, welcher genutzt wird, ist Wechselstrom – also AC. Der Strom, der von den Solarmodulen in den Wechselrichter gelangt, ist Gleichstrom – also DC. Wenn dich die Unterschiede zu Gleichstrom und Wechselstrom noch tiefgehend interessieren, kannst du am Ende des Buches im Glossar noch mehr darüber lesen.

AC oder DC-Speichersystem?

AC-Systeme

AC-seitig angeschlossene Systeme werden mit Wechselstrom versorgt. Das heißt, sie sind hinter dem Wechselrichter im normalen Hausnetz angeschlossen. Dadurch können sie jederzeit nachgerüstet werden. Gerade für Bestandsanlagen, welche vielleicht noch von einer hohen Einspeisevergütung profitiert haben, deren Laufzeit sich aber dem Ende nähert, kann das Nachrüsten eines Heimspeichers wirtschaftlich interessant sein. Fällt die hohe Vergütung für den eingespeisten Strom nämlich weg, wird die Erhöhung des Eigenverbrauchs aufgrund des hohen Preises für den Netzbezug finanziell interessant. Hier lassen sich dann AC-gekoppelte Systeme kostengünstig nachrüsten. Das liegt daran, dass der bestehende Wechselrichter nicht ausgetauscht werden muss. Welcher Wechselrichter für ein DC-System nötig ist, erfährst du im nächsten Unterkapitel, welches von DC-Systemen handelt.

Gibt es weitere Vor- oder Nachteile für ein AC-gekoppeltes System?
Ein weiterer Vorteil ist, dass die AC-Systeme nicht in direkter Nähe zum Wechselrichter installiert werden müssen. Das stellt besonders bei Platzproblemen einen großen Vorteil dar. Der Speicher kann hierbei in einem komplett anderen Bereich des Hauses installiert werden.
Nachteile liegen bei AC-Systemen in den Verlusten, welche durch das Wandeln entstehen. Denn der Gleichstrom, welcher von den Modulen in den Wechselrichter gelangt, wird dort zunächst in Wechselstrom für das Hausnetz gewandelt. Anschließend wird dann im Heimspeicher, der einen eigenen Wechselrichter enthält, der Wechselstrom wieder in Gleichstrom gewandelt, damit er in den Batteriemodulen gespeichert werden kann. Wird der Strom aus der Batterie wieder für den Haushalt benötigt, wird der Gleichstrom erneut in Wechselstrom gewandelt und dem Hausnetz zur Verfügung

gestellt. So werden über das Jahr mehrere hundert Kilowattstunden an Energie durch Wandlungen in Form Wärme freigesetzt. Dadurch sind die AC-gekoppelten Systeme bei Weitem nicht so effizient wie die DC-gekoppelten Systeme.

DC-Systeme

DC-seitig angeschlossene Systeme zeichnen sich durch ihre hohe Effizienz aus. Die HTW Berlin macht jährlich einen umfangreichen Stromspeichertest. Dort schneiden die DC-Systeme immer mit überragenden Werten ab. Doch woran liegt das?

HTW-Studie

Der Grund hierfür ist, dass die Speicher an einen Hybridwechselrichter angeschlossen werden. Dieser ist in der Lage, den Gleichstrom von den Solarmodulen direkt in den Speicher zu laden, ohne ihn erst zu wandeln. Der Hybridwechselrichter dient also auch als Batteriewechselrichter und somit entfällt ein Wandlungsprozess. Da jedes Wandeln Verluste mit sich bringt, ist hier schon der erste Vorteil gegenüber den AC-Systemen zu verzeichnen. Der Hybridwechselrichter kann einerseits Gleichstrom ohne Wandlungsverluste in den Speicher laden, aber andererseits den Wechselstrom für das Hausnetz zur Verfügung stellen. Sollte keine Leistung mehr vom Photovoltaikgenerator zur Verfügung stehen, wird der Gleichstrom aus dem Speicher durch den Wechselrichter in Wechselstrom für das Hausnetz gewandelt. Somit kann das System sehr viel effizienter arbeiten, wodurch einige DC-Systeme Spitzenwerte erreichen. Die Effizienz eines Systems ist ausschlaggebend, da jede Kilowattstunde, welche durch

Wandlungen verloren geht, dem Nutzer nicht mehr zur Verfügung steht. Dies kann sich bei manchen Systemen über das Jahr bis zu einigen hundert Kilowattstunden summieren. Der einzige Nachteil der DC-Systeme liegt darin, dass diese eher für Neubauten beziehungsweise Neuanlagen geeignet sind. Wird ein Speicher nachgerüstet, wird er aus den oben genannten Gründen oft AC-seitig installiert. Der höhere Platzbedarf ist in diesem Fall zu erwähnen, da bei DC-Systemen der Wechselrichter und der Speicher nah beieinanderstehen sollten.

Nutzbare Speicherkapazität und Lebensdauer

Speicherhersteller geben in der Regel an, wie hoch die nutzbare Kapazität und wie hoch die Gesamtkapazität ist. Doch wo liegen die Unterschiede? Hat der Speicher beispielsweise eine Gesamtkapazität von 11 kWh und eine Entladetiefe von 90 Prozent, so liegt die nutzbare Kapazität bei 9,9 kWh. Die Litihium-Ionen-Akkus liegen in der Entladetiefe meist zwischen 80 und 100 Prozent.

Die **Lebensdauer** eines Heimspeichers wird maßgeblich durch zwei Faktoren bestimmt. Den Ladezyklen und der kalendarischen Alterung. Viele Hersteller geben daher an, für wie viele **Ladezyklen** sie die Leistung des Speichers garantieren. Ein Ladezyklus ist die vollständige Be- und Entladung des Speichers. Wird der Speicher zum Beispiel halb entladen und anschließend wieder beladen, entspricht das nur einem halben Ladezyklus. Da im Winter die meisten Speicher nicht jeden Tag voll be- und entladen werden, erreicht man im Alltag meist zwischen 200 und 250 Ladezyklen pro Jahr. Gibt der Speicherhersteller zum Beispiel eine Garantie auf 10.000 Ladezyklen, so ergibt sich die Lebensdauer in Jahren, indem du die garantierten Ladezyklen durch die realistischen Ladezyklen teilst. In diesem Beispiel: 10.000 geteilt durch 250 ergibt 40 Jahre. Hinzu kommt die **kalendarische Alterung**, was der chemischen Alterung der Zellen entspricht. Die meisten Speichersysteme altern chemisch schneller, wenn sie nicht genutzt werden. Daher bieten einige Hersteller automatisierte Batteriepflegen an. Der Speicher wird durch eine intelligente Überwachung stets genutzt (zum Teil minimal be- oder entladen), um dadurch der chemischen Alterung entgegenzuwirken. Diese beiden Faktoren – die Zyklen und die kalendarische Alterung – bestimmen somit die Langlebigkeit des Heimspeichers. Da die Zelltechnologie fortgeschritten und sicher ist, vergeben viele Hersteller mittlerweile lange Garantien von meist zehn Jahren auf ihre Speichersysteme.

Wo sollte der Speicher stehen?

Die optimale Umgebungstemperatur für einen Lithium-Ionen-Speicher liegt bei konstanten Temperaturen zwischen 10 und 30 Grad Celsius. Generell sollten kühlere Temperaturen für die Zellen bevorzugt werden. Deshalb bietet sich meist der Keller an, da dieser auch im Sommer nicht zu warm wird. Andere Technik- oder Hauswirtschaftsräume sind ebenfalls gut geeignet, sofern sie nicht zu warm sind. Räume, die im Jahresverlauf in der Temperatur stark schwanken, sind demzufolge ungeeignet. Möglich ist auch die Unterbringung der Technik in einer Garage oder Ähnlichem, hier sollte allerdings, durch bauliche Vorrichtungen, für ausreichend Belüftung und gegebenenfalls eine leichte Klimatisierung gesorgt sein. Starke Temperaturschwankungen sollten unbedingt vermieden werden. Gerade in den Extremen im Sommer und Winter ist dies unter Umständen gar nicht so einfach umsetzbar. Über die Errichtung einer leicht gedämmten „Raum in Raum"-Konstruktion kann hier nachgedacht werden, somit müsste eine Belüftung/Klimatisierung nur für einen kleinen Raum und nicht gleich für die gesamte Garage gewährleistet werden.

Wie viel Platz braucht der Speicher?

Die Aufstellfläche kannst du schnell aus dem jeweiligen Datenblatt des Herstellers entnehmen. Meist wird jedoch nicht mehr Fläche benötigt als für einen Geschirrspüler oder eine Waschmaschine. Die Höhe kann jedoch einen wichtigen Faktor darstellen. Einige Speicherschränke könnten, bedingt durch ihre Größe, in niedrigen Kellerräumen schwer zu installieren sein.

Einphasiger oder dreiphasiger Speicher?

Dreiphasige Geräte können grundsätzlich mit einer höheren Anschlussleistung arbeiten, was für große Verbraucher wichtig ist. So können zum Beispiel Heizungen, die Wallbox oder auch der Herd dreiphasig versorgt werden. Auch Photovoltaikanlagen sind über den Wechselrichter meist dreiphasig in das

Hausnetz eingebunden. Deshalb sind viele Speicher ebenfalls dreiphasig in das Hausnetz eingebunden, um die genannten Geräte mit eigenem und sauberem Strom zu versorgen. Es existieren jedoch auch kleine Photovoltaikanlagen und Wechselrichter sowie Verbraucher, die nur einphasig versorgt werden. Für solche Fälle nutzt man einphasige Speichersysteme. Wann wird nun welches System verwendet? In Deutschland werden in der Regel dreiphasige Systeme genutzt. In Ländern, wie zum Beispiel England und Italien werden aufgrund von kleineren Stromanschlüssen im Haus oftmals einphasige Speicher verbaut.

Was bedeutet einphasig oder dreiphasig? Im Haushalt findest du häufig Kabel (zum Beispiel bei Deckenlampen), welche drei Adern, also drei Kabel, umfassen. Handelt es sich um einphasige Stromkabel, besitzen sie lediglich **eine** stromführende Ader. Zusätzlich existieren Stromkabel mit fünf Adern – dies sind dreiphasige Kabel. **Drei**phasig, da **drei** stromführende Kabel in dem Kabel die Verbraucher, wie zum Beispiel den Herd oder die Wärmepumpe, mit Strom versorgen. Im Zählerschrank sind die drei Phasen immer angeschlossen. Von dort aus werden die drei Phasen nun auf die einzelnen Räume verteilt. Das heißt, die einphasigen Stromkabel, die drei Adern besitzen, werden in die Räume gezogen, in welchen die Lampen und Steckdosen installiert werden sollen. In den Räumen, in denen Geräte mit höherer Leistungsaufnahme betrieben werden sollen, wird dann noch zusätzlich ein Kabel mit fünf Adern gelegt, welches dann dreiphasig ist. Innerhalb der einzelnen Räume schließen sich die Verbraucher über die Kabel zu einem einzelnen Stromkreis zusammen.

Der einphasige Speicher
Der Zweirichtungszähler misst den Verbrauch auf allen drei Phasen, welche in das Haus gelangen. Wird nun der einphasige Speicher auf Phase 1 angeschlossen, so misst der Zähler trotzdem den Bedarf auf allen drei Phasen. Wird beispielsweise am Abend, wenn die Photovoltaikanlage keinen Strom mehr erzeugt, auf der ersten Phase 1 kW Leistung benötigt. Auf Phase 2 wird beispielsweise gerade der Wasserkocher mit 2 kW betrieben und Phase 3 benötigt zu diesem Zeitpunkt keine Leistung, da kein Verbraucher aktiv ist. Der Speicher würde nun die Leistung auf allen drei Phasen messen und erkennen, dass 3 Kilowatt im Haus verbraucht werden. Er gibt dann die benötigte Leistung von 3 kW an die Phase 1, an die er angeschlossen ist, ab. Auf den anderen beiden Phasen gibt es keine Veränderung, da der Speicher hier nicht angeschlossen ist. Da auf Phase 1 genau 1 kW benötigt wird, aber der Speicher dort insgesamt 3 kW abgibt, folgt die Einspeisung der Differenz. Der Zähler erkennt nun also, dass 2 kW auf Phase 1 eingespeist werden. Auf Phase 2 wird der Verbrauch von 2 kW gemessen. Auf Phase 3 wird kein Verbrauch gemessen. Der Zweirichtungszähler saldiert die Messergebnisse. Bedeutet also, dass die Einspeisung auf Phase 1 von 2 kW gegen den Verbrauch auf Phase 2 von 2 kW gegengerechnet wird und der Verbrauch somit gleich 0 kW ist. Physikalisch betrachtet, wurden zwar auf der zweiten Phase 2 kW an Leistung aus dem Netz bezogen, aber durch die gleichzeitige Einspeisung von 2 kW aus dem Speicher über die Phase 1 ist die Bilanz gleich 0.

Was ist nun der Unterschied zum dreiphasigen Speicher?
Der dreiphasige Speicher ist auf allen drei Phasen angeschlossen. Er gibt also seine Leistung gleichmäßig an alle drei

Phasen ab. Angenommen, es werden 3 kW vom Speicher abgegeben, dann gibt er 1 kW an jede Phase ab. Beim oben genannten Beispiel würde also die benötigte Leistung von 1 kW direkt durch die 1 kW vom Speicher gedeckt werden. Auf Phase 2 würden 1 kW bezogen werden, da hier zwei kW benötigt werden, aber nur 1 kW vom Speicher bereit gestellt wird. Auf Phase 3 wird 1 kW vom Speicher abgegeben. Auch hier findet im Zweirichtungszähler wieder die Saldierung der Messergebnisse statt. Somit erkennt der Zähler, dass auf der dritten Phase 1 kW eingespeist wird und auf der zweiten Phase 1 kW aus dem Netz bezogen wird. Die beiden Werte heben sich bilanziert wieder auf. Der Eigenverbrauch kann sowohl mit einem einphasigen Speicher als auch mit einem dreiphasigen Speicher gedeckt werden. Wichtig ist hier zu sagen, dass ein dreiphasiger Speicher insgesamt höhere Be- und Entladungsleistungen zulässt. Es sind dann Entladungen von weit über 3 kW möglich. Bei größeren Verbrauchern empfiehlt sich demzufolge der dreiphasige Speicher, da geringe Entladeleistungen nicht ausreichen würden, um den Bezug aus dem Netz in der Bilanz zu verhindern.

Was ist die C-Rate, die Be- und Entladeleistung?

Die C-Rate (C steht für englisch: capacity, also Kapazität) eines Speichers gibt an, wie schnell dieser vollständig be- und wieder entladen werden kann. Eine C-Rate von eins bedeutet zum Beispiel, dass der Speicher innerhalb einer Stunde komplett entladen oder beladen werden kann. Bei einem

Speicher mit einer Größe von 10 kWh heißt das in der Praxis, dass der Speicher mit einer Be- und Entladeleistung von 10 kW arbeitet. Im Bereich der Heimspeicher ist eine C-Rate von eins eher unüblich. Im Haushalt werden – außer zum Beladen von Elektroautos – auch selten so hohe Leistungen benötigt. In anderen Anwendungsbereichen, zum Beispiel für Gewerbespeicher, ergibt es Sinn, einen niedrigen C-Wert zu verwenden. Hier müssen oftmals hohe Leistungen bereitgestellt werden. Da sich dieses Buch jedoch schwerpunktmäßig an private Betreiber von Photovoltaikanlagen richtet, möchte ich hier auf die gewerblichen Anwendungen von Speichern nicht weiter eingehen. Schaue jedoch, dass du im Datenblatt entweder eine Information über die C-Rate oder über die Be- und Entladeleistung findest.

PV-Anlage mit Wasserstoffspeicher

Neben der Speicherung des Solarstroms im Heimspeicher existiert noch eine weitere Art der Energiespeicherung, welche sich jedoch aufgrund der hohen Anschaffungskosten derzeit noch nicht durchsetzen konnte. Hier handelt es sich um einen Langzeitspeicher. Um den elektrischen Strom für die dunkle Jahreszeit nutzbar zu machen, wird die überschüssige Energie, welche sonst eingespeist werden würde, mittels eines Elektrolyseurs in Wasserstoff umgewandelt und gespeichert. Das System ist so aufgebaut, dass zunächst ein Heimspeicher mit 20 kWh Kapazität für die kurzfristige Versorgung des Hauses beladen wird. Danach oder je nach intelligentem Managementsystem auch zeitgleich, wird im Elektrolyseur Wasser in Wasserstoff und Sauerstoff getrennt. Hierbei wird der überschüssige Strom verwendet, welcher sonst eingespeist werden würde. Die Einspeisung verringert sich dadurch drastisch. Der Vorteil dieses System liegt darin, dass in den Wasserstofftanks, welche über die sonnenreichen Monate stetig gefüllt werden, erhebliche Mengen an Energie gespeichert werden können. Diese Energie steht dann für längere Regenperioden oder in den Wintermonaten zur Verfügung. Die Anlagen sind zudem in der Lage, ein eigenes Netz aufzubauen und das Gebäude somit komplett autark mit Strom und Wärme zu versorgen. Die Wärme entsteht als Nebenprodukt bei der Elektrolyse und kann mithilfe eines effizienten Wärmetauschers für den Haushalt nutzbar gemacht werden. Die Heizkosten können somit ebenfalls gesenkt werden, wodurch weniger Gas oder Heizöl benötigt werden. Einige Hersteller bieten ihre Wasserstoff-Speichersysteme mit Größen bis zu 1.500 kWh an. Damit kann für die meisten Haushalte der Bedarf gedeckt werden. Selbst Verbraucher, welche viel Energie benötigen, können mit 1.500 kWh einen langen Zeitraum überbrücken. Zumal es sich bei den 1.500 kWh um die gespeicherte Energie handelt. Die Photovoltaikanlage produziert schließlich im Winter oder an dunklen Tagen weiterhin Strom.

2. PV-ANLAGE OHNE STROMSPEICHER

Zur besseren Vergleichbarkeit einer Anlage mit Speicher und einer Anlage ohne Speicher möchte ich hier noch einmal darauf eingehen, welche Autarkie mit einer Anlage ohne Heimspeicher realistisch ist und welche Kosten hierfür anfallen würden. Wichtig ist hier zu erwähnen, dass der Speicher stark davon abhängt, wie der Strom im Haus genutzt werden kann. Auch eine Anlage ohne Heimspeicher kann zum Beispiel durch gezielten Eigenverbrauch im Haus hohe Autarkie erreichen. Das hängt sehr individuell vom Verbraucherprofil ab und fällt somit für jeden Haushalt unterschiedlich aus. Ich gehe in meinem Beispiel davon aus, dass die Hausbewohner tagsüber in einem Zeitfenster von 08:00 bis 16:00 Uhr größtenteils außer Haus sind.

Nehmen wir an, dass der Großteil des Eigenverbrauchs durch die Grundlast im Haus anfällt. Zusätzlich kann der Eigenverbrauch natürlich durch das eigene Verhalten, wie im nächsten Kapitel beschrieben, auch noch erhöht werden. Im Normalfall liegt der Eigenverbrauch ohne Speicher bei ca. 30 Prozent, was bisher als „gut" gewertet werden kann. Bei Anlagen, die neu gebaut werden und nicht mehr von attraktiven Einspeisevergütungen profitieren, werden in diesem Fall 70 Prozent der produzierten Energie, für wenig Geld, in das Netz eingespeist. Bei der Anlagengröße der Beispielfamilie entspricht das einem Eigenverbrauch von 2.250 kWh im Jahr (7.500 kWh x 30 %). Dies ergibt eine Einsparung von 787,5 € (2.250 kWh x 0,35 €/kWh). Die restliche überschüssige Energie von 7.497

kWh (9.747 kWh/Jahr - 2.250 kWh) wird nun eingespeist und mit der EEG-Vergütung für Anlagen bis 40 kWp Größe von 8,2 Cent/kWh entlohnt (Stand 01.08.2022). So entsteht eine Einnahme von 614,8 € zuzüglich Mehrwertsteuer (7.497 kWh x 8,2 Cent/kWh zzgl. MwSt.)

Die Stromrechnung der Familie könnte sich in diesem Fall wie folgt darstellen:

Bisherige Stromrechnung ohne eigene PV: 2.652 €
(7.500 kWh x 0,35 €/kWh)

Einsparung durch Eigenverbrauch (s. oben): -787,5 €
(2.250 kWh x 0,35 €/kWh)

Einnahmen durch Stromverkauf (s. oben): - 614,8 €
(7.497 kWh x 0,082 €/kWh)

Neue Stromkosten pro Jahr: 1.249,7 €
Entspricht also einer Einsparung von etwa:
1.402,3 € / Jahr (2652 € - 1249,7 €)

Vergleichen wir die Einsparungen der Anlage mit Speicher (s. oben) mit der Anlage ohne Speicher, ergibt sich eine Differenz von 903,7 € (2.306 € mit Speicher - 1.402,3 € ohne Speicher). Die Anlage mit Speicher spart der Familie pro Jahr somit ca. 903,7 € zusätzlich ein. Um die Amortisationszeiten für die Anlage mit oder ohne Speicher zu berechnen, teilst du den jeweiligen Anschaffungspreis durch die errechnete Einsparung pro Jahr. Diese Rechnung findest du im Kapitel „Wie lange dauert es, bis die Anlage sich amortisiert?".

Was bedeutet Autarkie, Eigenverbrauch, Netzbezug und Netzeinspeisung eigentlich?

Immer wieder tauchen Begriffe auf, die du vielleicht zum ersten Mal hörst und dich fragst, was damit gemeint ist. Hier möchte ich dir kurz erklären, was die einzelnen Begriffe Autarkie, Eigenverbrauch, Netzbezug und Netzeinspeisung eigentlich bedeuten.

Der Eigenverbrauch: Deine Anlage produziert über den Tag Strom. Die Menge, die du davon direkt selbst im Haushalt verbrauchst, ist dein Eigenverbrauch. Werden also 30 kWh am Tag produziert und du hast 15 kWh davon verbraucht, hast du an diesem Tag einen Eigenverbrauch von 50 Prozent. Den Eigenverbrauch kannst du in Gänze durch dein eigenes Nutzerverhalten beeinflussen, indem du zum Beispiel den Betrieb energiehungriger Geräte in die Tagesstunden verlegst. Sei es durch das manuelle Programmieren oder durch die Einbindung in ein Smart-Home-System. Durch einen Speicher, welcher dir die Nutzung des eigenen Stroms in den Abend- und Nachtstunden ermöglicht, lässt sich der Eigenverbrauch ebenfalls erhöhen.

Die Autarkie: Die Autarkie drückt aus, wie viel deines Gesamtverbrauchs am Tag durch selbstgenutzten Solarstrom gedeckt wurde. Bleiben wir bei 30 kWh erzeugtem Strom am Tag und einem Verbrauch von beispielsweise bei 20 kWh, bedeutet dies, dass du durch die Produktion aus deiner

Photovoltaikanlage, an diesem Tag eine Autarkie von 100 Prozent verzeichnen konntest. Ein Zukauf an Strom aus dem Netz war für diesen Tag nicht notwendig. Wenn du keinen Speicher hast, ist dieser Wert jedoch nicht erreichbar, da immer ein gewisser Teil deines Stromverbrauchs in den Abend- und Morgenstunden liegen wird. Kann dieser Strombedarf nicht durch einen Heimspeicher gedeckt werden, liegt die Autarkie daher deutlich niedriger.

Netzbezug: Hiermit ist gemeint, wie viel Strom trotz der eigenen Photovoltaikanlage und eines eventuellen Speichers aus dem Netz zugekauft werden muss, um dich mit Strom zu versorgen. Wenn du also möglichst autark sein möchtest, achte darauf, dass dein Stromverbrauch möglichst in die hellen Stunden verlegt wird, in der deine Photovoltaikanlage Strom liefert.

Netzeinspeisung: Der Strom, den du nicht durch deinen Eigenverbrauch abnimmst, wird in das Netz eingespeist. Im Beispiel von oben ergibt das – bei 30 kWh Erzeugung am Tag und 15 kWh Eigenverbrauch – 15 kWh die eingespeist werden.

WIE KANNST DU MIT ODER OHNE SPEICHER DEINEN EIGENVERBRAUCH ERHÖHEN?

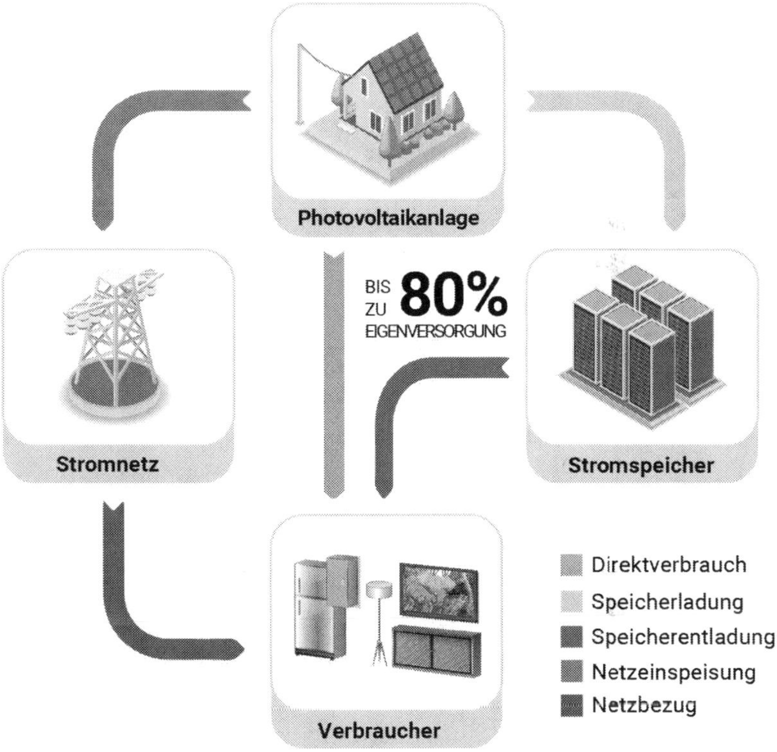

Abbildung 4: Energiefluss und Eigenversorgung durch Speicher.

Den Eigenverbrauch zu erhöhen, sprich den Strom vom Dach direkt zu verbrauchen, ist nicht nur ökologisch bedeutsam, sondern kann auch wirtschaftlich sinnvoll sein. Die Einspeisevergütungen sind aktuell, wie oben dargestellt, nicht mehr attraktiv und der Strom, der aus dem Netz bezogen werden muss, ist sehr preisintensiv. Daher ist es ratsam, den Strom direkt im Haus zu verbrauchen, wenn er produziert wird. Ob ein Speicher vorhanden ist oder nicht, spielt dabei eigentlich keine Rolle. Es sei denn, der Strom kann komplett selbst und direkt (zum Beispiel durch ein Elektroauto) genutzt und verbraucht werden. In diesem Fall würde ein Speicher wahrscheinlich keinen Nutzen bringen, da er nicht vollständig beladen werden würde.

Ohne weitere Umstände kann der Eigenverbrauch durch eigenes Verhaltens stark erhöht werden. Überschussstrom kann somit durch das gezielte Einschalten oder smarte Ansteuern von größeren Verbrauchern, wie zum Beispiel Waschmaschine, Trockner, Backofen, Spülmaschine direkt genutzt werden. Viele Geräte lassen sich per Zeitvorwahl programmieren. So kann beispielsweise die Spülmaschine in der Mittagszeit laufen, wenn der Speicher eventuell bereits beladen ist. Gleiches gilt auch für die Waschmaschine oder den Trockner. Zu empfehlen ist das Laden von elektrischen Geräten, so auch das Laden von Elektroautos, ganz klar am Tag, da hier die Leistung vom Dach zur Verfügung steht!

Liefert deine Photovoltaikanlage bei einem Stromausfall eigentlich noch Strom?

Eine pauschale Antwort auf diese Frage existiert nicht, da dies stark davon abhängt, was

du installiert hast. Wurde eine Photovoltaikanlage bestehend aus Solarmodulen, Wechselrichter und Speicher oder auch ohne Speicher installiert, ist die Antwort vermutlich: Nein. Diese Antwort verwundert die meisten Betreiber von Photovoltaikanlagen, da sie davon ausgehen, dass ihre Anlage bei Stromausfall einfach weiterlaufen müsste. Dies ist jedoch nicht ohne Weiteres der Fall. Woran liegt das? Grundsätzlich muss dein Wechselrichter über den Netzanschluss mit Strom versorgt werden, damit er arbeiten kann. Fällt das Netz nun aufgrund einer Störung aus, so kann auch der Wechselrichter nicht mehr arbeiten und die Photovoltaikanlage produziert keinen Strom mehr, den du nutzen kannst.
Um Notstrom oder Ersatzstrom nutzen zu können, sind einige Zusatzinstallationen notwendig. Hier gibt es verschiedene Möglichkeiten, zu denen diverse Hersteller unterschiedliche Systeme und Lösungen anbieten. Zunächst gehe ich hier auf den Notstrom ein.

Wenn eine Photovoltaikanlage umgangssprachlich Notstrom liefert, bedeutet das, dass meist nur eine einzige 230-V-Steckdose vorhanden ist, welche entweder direkt am Wechselrichter verbaut ist oder wahlweise auch an einem anderen Platz im Haus. Alternativ kann ein vorher festgelegter Schaltkreis die wichtigsten Geräte im Haus mit Notstrom versorgen. Der Notstrom muss meist manuell zugeschaltet werden. Hier kann dann zum Beispiel ein Handy oder Laptop geladen werden. Eventuell werden noch nötige Lichtquellen, der Kühlschrank oder Umwälzpumpen versorgt. Auch dieses System benötigt einen Heimspeicher, welcher die Energie liefert. Soll echter, unterbrechungsfreier Notstrom innerhalb von Millisekunden geliefert werden, wird die Installation komplexer.

Unterbrechungsfreie Systeme werden meist bei Betreibern von Servern oder in Krankenhäusern eingesetzt. Im Privathaushalt ist die Versorgung innerhalb von Millisekunden eher von untergeordneter Priorität.

Nun folgt der Ersatzstrom. Ersatzstrom bedeutet, dass automatisch nach einem Netzausfall ein voll funktionsfähiges Netz auf einer oder auf allen drei Phasen aufgebaut wird. Dies dauert vom Netzausfall bis zur Versorgung meist wenige Sekunden. Einphasige Systeme können dabei aber nicht alle Geräte im Haus versorgen. Hierbei gilt es zu beachten, dass alle zu versorgenden Geräte auf der gleichen Phase liegen. Wenn alle Geräte versorgt werden sollen, bietet dies nur ein dreiphasiges System. Auf diese Systeme möchte ich hier weiter eingehen, denn dadurch können alle Geräte im Haus normal betrieben werden. Selbst Geräte mit höherer Leistung, wie Backöfen oder Wärmepumpen können aus diesem System bedient werden. Wichtig ist hier jedoch, darauf zu achten, welche Gesamtleistung das System liefern kann. Wird diese überschritten, kommt es zum Abschalten des Systems, um Schäden zu verhindern. Dann hilft es nur die Geräte auszuschalten, welche viel Energie benötigen und diese gegebenenfalls nacheinander zu nutzen. Doch wie funktioniert eine Anlage, die Ersatzstrom liefert und wie ist sie aufgebaut?
Grundsätzlich benötigt die Anlage, um Ersatzstrom zu liefern, einen Wechselrichter oder eine separate Einrichtung, die in der Lage ist, das Hausnetz vom öffentlichen Netz zu trennen. Das ist notwendig, um ein eigenes Netz aufzubauen. Zusätzlich ist ein Stromspeicher notwendig, der mit diesem Wechselrichter zusammenarbeitet. Fronius, um nur einen bekannten Hersteller für Wechselrichter zu nennen, bietet zum

Beispiel Hybridwechselrichter an, welche diese Funktionen unterstützen. Der *Fronius Symo Gen24* ist beispielsweise ein Gerät, welches mit diversen Speichersystemen kompatibel in der Lage ist, Ersatzstrom zu liefern. Lediglich eine Netzumschaltbox muss zusätzlich installiert werden. Andere Hersteller bauen auf separate Boxen, welche die Netztrennung vornehmen. Ich selbst nutze die *sonnenProtect 8000*. In Zusammenarbeit mit der *sonnenBatterie10 performance* kann auch diese Anlage Ersatzstrom liefern und eine AC-Insel aufbauen. In beiden Fällen wird der Stromausfall vom System erkannt und das Hausnetz vom öffentlichen Netz getrennt. Anschließend wird mithilfe der Energie aus dem Speichersystem ein eigenes Netz aufgebaut. Damit wird der Wechselrichter wieder mit Strom versorgt und ist arbeitsfähig. Die Energie von der Photovoltaikanlage kann also wieder genutzt werden, um das Haus zu versorgen und gleichzeitig die Batterie zu beladen. Über die Nacht wird das Haus dann aus der Batterie versorgt. Hierbei ist es wichtig zu erwähnen, dass die gewisse Restladung in der Batterie oder in einer separaten Batterie zurückgehalten wird, damit das System am nächsten Tag wieder schwarzstartfähig ist. Schwarzstart bedeutet, dass das System, obwohl es ausgeschaltet ist, da zum Beispiel der Heimspeicher fast leer ist, wieder hochgefahren werden kann. Ist die Anlage nicht schwarzstartfähig, so kann die Anlage nur durch die Wiederherstellung des Netzanschlusses gestartet werden. Das wäre im Falle eines längeren Stromausfalls ein großer Nachteil. Es ist darauf zu achten, dass die angeschlossenen elektronischen Verbraucher nach Möglichkeit im Moment des Schwarzstarts nicht eingeschaltet sind und Strom verbrauchen. Denn das System müsste sofort die Leistung für diese Verbraucher zur Verfügung stellen. Dies kann zu einem direkten Stromausfall führen beziehungsweise auch einen späteren Startversuch verhindern, da zu viel Leistung für den ersten Versuch benötigt wurde. Aufgrund von dunklen Jahreszeiten oder schlechtem Wetter, kann der voreingestellte Schwarzstart unter Umständen beim ersten Versuch zwar glücken, die Leistung von den Solarmodulen aber eventuell nicht ausreichen, sodass die Anlage wieder ausgeschaltet wird. Wenn kein weiterer Start mehr möglich ist, sitzt selbst der Betreiber einer Photovoltaikanlage, die zwar ersatzstromfähig ist, bei optimalem Wetter ohne Strom da.

Checkliste für die Wahl deines Stromspeichers:

- Wie hoch ist dein Verbrauch in kWh am Tag und in der Nacht?
- Wie hoch ist dein Stromverbrauch pro Jahr in kWh?
- Welche Be- und Entladeleistung soll der Speicher haben?
- Soll der Speicher Ersatzstrom liefern können?
- Soll das gesamte Haus im Falle eines Stromausfalls abgesichert sein (3-phasig) oder reicht die Absicherung einer Phase?
- Soll die Anlage Inselfähig sein und aus der PV Anlage nachbeladen werden können?
- Wie schnell soll die Umschaltung von Netzstrom auf Ersatzstrom stattfinden?
- Wo soll der Speicher aufgestellt werden?
- Bietet der Raum konstante niedrige Temperaturen?

5. Schritt:

BERATUNGSTERMIN VEREINBAREN UND ANGEBOT PRÜFEN

In diesem Kapitel gehe ich darauf ein, worauf du bei einem Beratungstermin vor Ort achten solltest. Außerdem findest du Informationen darüber, mit welchen Kosten du in etwa rechnen kannst. Das hilft dir dabei, bereits mit einer groben Preisvorstellung in das Gespräch mit dem Fachbetrieb zu gehen. Gleichzeitig hast du eine Checkliste, die dir dabei hilft, das Angebot strukturiert zu prüfen und gegebenenfalls offene Fragen oder Unklarheiten schnell aus dem Weg zu räumen.

Der Beratungstermin vor Ort

Um deine Wunsch-Photovoltaikanlage zu erhalten ist ein Beratungstermin mit einem Fachbetrieb vor Ort – bei dir zu Hause – nötig. Dieser Termin kann zwischen einer bis zwei Stunden Zeit in Anspruch nehmen. Bei diesem Gespräch werden ebenfalls alle Gegebenheiten vor Ort besichtigt. Das ist der Zeitpunkt, an dem es wichtig ist, deine Ziele und Wünsche klar zu formulieren. In diesem Gespräch kannst du durch deine Berechnungen klar kommunizieren, welchen Verbrauch du hast, welche Verbraucher geplant sind oder bereits betrieben werden. Damit du sicherstellen kannst, dass dein Gespräch zielführend verläuft und du keine wichtigen Punkte vergisst, habe ich dir auch hierfür eine Checkliste vorbereitet.

Checkliste für den Termin vor Ort:

- Wie ist dein Dach ausgerichtet und welche Neigung hat es? (ggf. Bauakte)
- Welche Dacheindeckung liegt vor? (Ziegel, Blech, Dachpappe, etc.)
- Schattenverläufe auf dem Dach erkennbar?
- Ist der Firstreiter geschraubt oder gemörtelt?
- Kannst du ein Gerüst für die Montage stellen?
- Liegt eine Aufdach- oder Zwischensparrendämmung vor?
- Wie viele Sparren und in welchem Abstand?

Welche Maße haben die Sparren (Höhe x Breite)

- Sind bereits Leerrohre vom Dach zum Keller oder Hauswirtschaftsraum vorhanden?
- Kann alternativ zum Leerrohr ein Kabelkanal an der Fassade verlegt werden?
- Wurde der Standort für den Wechselrichter festgelegt?

- Wurde der Standort für den Stromspeicher festgelegt, falls dieser installiert werden soll? (Möglichst kühl zwischen 10°C und 25°C)
- Wurde die Leitungslänge von den Modulen zum Wechselrichter ermittelt?
- Ist ein freies Zählerfeld im Zählerschrank vorhanden? Muss der Zählerschrank erneuert/erweitert werden?
- Ist eine Blitzschutzanlage verbaut?
- Ist ein Potentialausgleich vorhanden?
- Kennst du deinen Jahresstromverbrauch?
- Zukünftige große Verbraucher geplant? (z.B. Wärmepumpe oder Elektroauto)

Mit welchen Kosten kannst du rechnen?

Die Preise für eine Photovoltaikanlage lassen sich nicht pauschal angeben. Immer wieder höre oder lese ich Kommentare wie: „Das ist aber teuer, ich habe das günstiger bekommen." Frage ich genauer nach, stellt sich schnell heraus, dass Äpfel mit Birnen verglichen wurden. Die Kosten für eine Photovoltaikanlage lassen sich deshalb nicht pauschal vergleichen, da es viele verschiedene Komponenten von diversen Herstellern gibt. Somit kann ich eine Aussage, wie die oben genannte, nicht einfach stehen lassen. Um einen Vergleich zu ziehen, sind die Details wichtig, werden diese außer Acht gelassen, ist die Bewertung nichtig. Dass es nicht zielführend wäre, einfach einen Preis zweier Computerhersteller zu vergleichen, ohne die genauen Fakten zu kennen, scheint eindeutig, weshalb dies ebenso für Photovoltaikanlagen gilt. Der Preis für die eigene Photovoltaikanlage hängt stark von folgenden Faktoren ab:

- Wie groß ist die Photovoltaikanlage?
- Welche Komponenten werden verwendet (Module und Wechselrichter, Energiemanagementsystem)?
- Wird ein Speicher verbaut?
- Wird eine Ersatzstromfähigkeit gewünscht?
- Wenn ja, welche Speichergröße wird gewählt?
- Müssen aufwendige Elektroinstallationen durchgeführt werden?
- Muss ein Gerüst aufgebaut werden?
- Wie leicht zugänglich ist die Baustelle? Fallen Kosten für einen Spezialtransport an?
- Welcher Dachtyp und welche Unterkonstruktion liegen vor?
- Welche Garantien und Sicherheiten werden angeboten?
- Welche weiteren Gegebenheiten gibt es vor Ort?

Wichtig! Die anfallenden Kosten für Service vom Fachbetrieb, Gerüstkosten etc. schlagen bei kleinen Anlagen grundsätzlich mehr zu Buche als bei größeren Anlagen. Dies liegt am Verhältnis der installierten Leistung in Kilowatt-Peak zur Gesamtsumme. Daher würde ich im Zweifel dazu raten, direkt mehr Leistung zu installieren, als später nachzurüsten. Die Berechnung der richtigen Anlagengröße für deinen Bedarf habe ich dir bereits im 2. Schritt ausführlich dargelegt.

Da trotz der oben genannten stark variierenden Faktoren und Komponenten immer wieder die Frage nach einem groben Richtwert gestellt wird, möchte ich versuchen, die Preise realistisch einzugrenzen.
Für die installierte Leistung einer Photovoltaikanlage ohne Speicher kannst du mit Kosten zwischen 1.400 € und 1.700 € pro Kilowatt-Peak rechnen. Auf diese Summe muss zusätzlich die Mehrwertsteuer addiert werden.

Für Speichersysteme schwanken die Preise ähnlich. Hier kannst du von Preisen zwischen 1.000 € und 1.300 € pro Kilowattstunde zuzüglich Mehrwertsteuer ausgehen.

Wie gesagt, diese Werte hängen stark von den gewählten Komponenten, wie Wechselrichter und Solarmodulen, vom Speicher sowie vom jeweiligen Fachbetrieb ab. Daher empfehle ich unbedingt mehrere Angebote einzuholen und diese zu vergleichen! Achte bei dem vorliegenden Angebot darauf, dass die Elektroinstallationen, gegebenenfalls auch der Umbau des Zählerschranks, sowie das Gerüst bereits preislich berücksichtigt sind.
Gerade bei den Speichersystemen herrschen oftmals große Unterschiede. Wie oben bereits beschrieben, bieten einige Speicherhersteller Clouds und Communitys beziehungsweise Zusatzleistungen, welche den Preis bei der Anschaffung nach oben treiben können. Ob das Angebot für dich trotzdem interessant ist, solltest du für dich persönlich entscheiden, da hier neben wirtschaftlichen Aspekten auch ideelle Gründe eine Rolle spielen können.

Was sollte das Angebot enthalten?

Grundsätzlich möchte ich vorwegsagen, dass ein Angebot von einem seriösen Fachpartner kostenlos, kurzfristig und individuell für dein Projekt erstellt wird. Meiner Meinung nach sollte das Angebot umfangreich und aussagekräftig sein. Falls du dir bei der Wahl des Händlers unsicher bist, so schaue doch im Internet nach Referenzen und Bewertungen. Was sagen andere Kunden über den Service, die Qualität und Zuverlässigkeit? Im Angebot sollten folgende Punkte enthalten sein:

Checkliste für dein Angebot:

- Gibt es eine Dachzeichnung mit den Modulen?
- Anzahl der Module und die Leistung der Anlage?
- Ergibt die Verteilung der Module Sinn?
  Wie sieht es mit verschatteten Bereichen aus?
- Liegen ausführliche Informationen über den Wechselrichter, AC- und DC-Leistung, Garantie, Hersteller vor?
- Welches Speichersystem (Hersteller, Zelltechnologie, Zertifizierung) mit welcher Kapazität?
  Wie viele Jahre Garantie werden gegeben?
  Wie viele garantierte Ladezyklen?
- Liegt eine Verschattungsanalyse vor?

- Gibt es eine Prognose der Erträge?
- Wurde der Autarkiegrad simuliert?
- Simulierte Verluste durch Speichersystem?
- Welches Montagesystem wird für die Montage verwendet?
- Sind eventuelle Zusatzleistungen aufgeführt? Umbau Zählerschrank?
- Sind Montage- und Installationsarbeiten aufgeführt?
- Sind ggf. Gerüstkosten aufgeführt?
- Ist der Überspannungsschutz aufgeführt?
- Gibt es eine Funktions- und Installationsprüfung sowie Einweisung in die Anlage?
- Wird eine Netzanfrage beim zuständigen Energieversorger durchgeführt?
- Zusammenstellen und übermitteln der notwendigen Unterlagen für die Anmeldung der Anlage beim zuständigen Netzbetreiber?
- Zusammenstellen und übermitteln der Inbetriebnahmeunterlagen an den zuständigen Netzbetreiber?
- Was ist mit Mauer- und Stemmarbeiten, falls diese nötig sind?

6. Schritt:

ANSCHLUSS UND ANMELDUNG DER PV-ANLAGE

Der Anschluss an das öffentliche Netz, die 70-Prozent-Regelung und das Smart-Meter.

Wenn Anlagen nicht als Inselanlagen installiert wurden, müssen diese an das öffentliche Netz angeschlossen werden. Bisher wurde es so gehandhabt, dass zum Schutz vor Überlastung des Netzes die angeschlossenen Anlagen gedrosselt werden müssen. Das wird über verschiedene Varianten umgesetzt. Da dies nach den aktuellen Änderungen im EEG 2023 jedoch für neue Anlagen ab September 2022 hinfällig wird, gehe ich darauf nachfolgend nur noch kurz und knapp ein. Zunächst einmal möchte ich erklären, was das Smart-Meter ist und was es mit dem Überspannungsschutz auf sich hat.

Der Überspannungsschutz sollte im Angebot deines Fachpartners enthalten sein, damit keine zusätzlichen Kosten auf dich zukommen. Seit Oktober 2016 ist der Überspannungsschutz für Neuanlagen und Anlagen, welche geändert oder erweitert werden, Pflicht. Der Photovoltaikgenerator und der Stromspeicher sind somit gegen Überspannungsschäden abgesichert.

Das Smart-Meter besteht aus zwei Bauteilen. Die erste Komponente stellt der digitale Zweirichtungszähler dar. Dieser erfasst den Bezug aus dem Netz sowie die Menge des in das Netz eingespeisten Stroms. Dieser digitale Stromzähler ersetzt den „alten" analogen Stromzähler. Als weitere Komponente schließt sich das Smart-Meter-Gateway an. Hierdurch wird die Übertragung der Verbrauchsdaten auf dem digitalen Wege ermöglicht. Diese beiden Komponenten bilden das intelligente Messsystem. Durch das Smart-Meter wird es dem Netzbetreiber möglich, die Energieflüsse sinnvoll zu erheben und gegebenenfalls zu steuern, sodass der Strom aus erneuerbaren Energien optimal genutzt werden kann. Seit Anfang 2020 soll bei Anlagen mit einer Leistung von bis zu 7 kWp bisher nur ein digitaler Zähler eingesetzt werden. Bei Anlagen zwischen 7 kWp und 25 kWp muss ein digitaler Zähler inklusive Smart-Meter-Gateway installiert sein. Bei Anlagen über 25 kWp muss eine Fernsteuerung der intelligenten Messeinrichtung entweder stufenweise oder stufenlos verbaut werden. Diese Umsetzungen werden jedoch erst dann Pflicht, wenn die technischen Möglichkeiten für den Einbau geschaffen wurden. Daher sind auch viele Anlagen noch immer ohne intelligente Messtechnik ans Netz angeschlossen und werden nach aktuellem Stand der Technik installiert und in Betrieb genommen. Wer in Zukunft vom Messstellenbetreiber angeschrieben und darüber informiert wird, dass ein Smart-Meter installiert werden soll, muss dieser Aufforderung zustimmen.

Was ist die 70-Prozent-Regelung?

Grundsätzlich muss seit 2012 bei jeder Photovoltaikanlage die Möglichkeit für den Netzbetreiber geschaffen werden, die Anlagenleistung mittels Einspeisemanagement zu steuern. Die Regelung wurde eingeführt, um die Netze vor Überlastung aus Photovoltaikanlagen zu schützen. Für Privathaushalte mit Anlagen bis 25 kWp wurde es den Betreibern freigestellt, zwischen einem ferngesteuerten Einspeisemanagement und der 70-Prozent-Regelung zu entscheiden. Im Falle der 70-Prozent-Regelung bedeutet es, dass die Anlage nur 70 Prozent der installierten Nennleistung in das Netz einspeisen darf. Bei einer Anlage mit einer Nennleistung von 10 kWp dürften also maximal 7 kW in das Netz eingespeist werden. Um die Einspeisung zu begrenzen, existieren bisher drei verschiedene Möglichkeiten.

1. Möglichkeit: Funkrundsteuerempfänger
Eine Möglichkeit der Reduzierung der Anlagenleistung ist die Regelung mittels Funkrundsteuerempfänger. Diese Variante ist mit Kosten für die Installation und für den Funkrundsteuerempfänger verbunden. Prinzipiell hat der Netzbetreiber hierbei die Möglichkeit, bei Netzüberlastung an Tagen mit hoher Stromproduktion aus Photovoltaikanlagen, aber einem geringen Verbrauch, einzugreifen und die Anlagenleistung über ein Signal an den Wechselrichter zu drosseln.

Dynamische Regelung der 70 Prozent
Bei dieser Einstellungsmöglichkeit arbeitet der Wechselrichter mit voller Leistung. Die Leistung wird an das Hausnetz abgegeben. Im Haushalt wird der Strom vorrangig verbraucht. Erst

wenn der Eigenverbrauch nicht hoch genug ist und die 70-Prozent-Grenze der installierten Anlagenleistung in das Netz eingespeist wird, folgt die Drosselung des Wechselrichter in seiner Leistung auf 70 Prozent. Diese Regelung stellte besonders im Zusammenhang mit intelligenten Speichersystemen die erste Wahl dar, da durch das gezielte Speichern der Leistung, zu Spitzenzeiten der Produktion, fast nie eine Drosselung der Anlage folgt.

3. Feste Einstellung am Wechselrichter auf 70 Prozent
Diese Einstellung fand bei Anlagen, welche zum Beispiel eine Ost-West-Ausrichtung haben, Anwendung. Hier wurde die Ausgangsleistung des Wechselrichters fest auf 70 Prozent eingestellt, sodass nur 70 Prozent der Anlagenleistung in das Hausnetz abgegeben werden. Durch die über den Tagesverlauf verteilte Stromproduktion kommt es bei Ost-West-Anlagen, fast nie zu einer Überschreitung der 70 Prozent installierten Anlagenleistung. Der Eigenverbrauch spielt bei dieser Einstellung keine Rolle.

Wie geht es mit der 70-Prozent-Regelung in Zukunft weiter?

Laut neuem EEG 2023 fällt seit dem 14. September 2022 die 70-Prozent-Regelung für Neuanlagen bis einschließlich 25 kWp weg. Somit kann theoretisch die gesamte installierte Nennleistung eingespeist werden. Für Bestandsanlagen wird die 70-Prozent-Regelung ab dem 01. Januar 2023 für Anlagen entfallen, welche bis 7 kWp groß sind. Für Anlagen über 7 kW Leistung wird eine Übergangsphase geplant. Hier ist der Einbau eines intelligenten Messsystems Pflicht (wie zuvor beschrieben). Nach Einbau des Messsystems kann die 70-Prozent-Regelung für Bestandsanlagen über 7 kWp ebenfalls entfallen.

Welche Schritte der Anmeldung sind nötig?

Netzbetreiber

Um deine Anlage in Betrieb zu nehmen, ist eine kostenlose Netzverträglichkeitsprüfung durch den Netzbetreiber notwendig. Anschließend erhältst du eine Einspeisezusage oder einen Netzanschlussvertrag mit integrierter Einspeisezusage. Viele Installateure bieten in ihrem Service an, die Anmeldung bei dem Netzbetreiber zu übernehmen. Nimm das Angebot gerne an. Trotzdem brauchst du einige Daten, welche du entweder an den Installateur oder falls du die Anmeldung selber machst, an den Netzbetreiber weitergibst. Da das persönliche Eintragen meist nicht gewählt wird, werde ich darauf auch nicht weiter eingehen. Ich nenne dir hier die Daten und Unterlagen, welche bei der Anmeldung nötig sind und welche du bereithalten solltest:

Unterlagen für den Netzbetreiber:

- Lageplan mit Flurstücknummer(n) und Grundstücksgrenzen
- Genauer Aufstellungsort der Erzeugungsanlage mit Kennzeichnung der Neuanlage und ggf. der Bestandsanlage/n
- Datenblatt der Solarmodule
- Datenblatt des Wechselrichters
- Konformitätsnachweis des Wechselrichters Erzeugungseinheit
- Wechselrichter Konformitätsnachweis integrierter NA-Schutz

Ausblick: Laut neuestem Beschluss müssen die Netzbetreiber ab 2025 online die Anmeldung vereinfachen, indem ein Portal zur Verfügung gestellt wird, welches die Netzanfrage für Interessenten deutlich einfacher gestalten soll. Außerdem werden dem Netzbetreiber Fristen vorgegeben, innerhalb welcher die Anfragen bearbeitet werden müssen. In der Vergangenheit war dies nicht der Fall und es kam nicht selten vor, dass sogar mehrere Monate verstrichen sind, bevor die Zusage durch den

Netzbetreiber vorlag und die Anlage in Betrieb genommen werden konnte.

Marktstammdatenregister

Als Betreiber einer Photovoltaikanlage bist du neben der Meldung beim Netzbetreiber verpflichtet, deine Stromerzeugungsanlage bei der Bundesnetzagentur anzumelden. Die Bundesnetzagentur ist die zentrale Infrastrukturbehörde Deutschlands. Sie ist für Energie, Telekommunikation, Post und Eisenbahnen zuständig. Im Marktstammdatenregister (MaStR) der Bundesnetzbehörde werden die Stammdaten aller Strom- und Gaserzeugungsanlagen registriert. Zudem müssen Anlagenbetreiber, Netzbetreiber und Energielieferanten ihre Stammdaten registrieren. Da auch du mit der Photovoltaikanlage Strom erzeugst, musst du deine Daten im Marktstammdatenregister angeben. Die Registrierung kannst du auch nach der Inbetriebnahme vornehmen, was Ich dir tatsächlich auch empfehle, da du sonst das Datum der Inbetriebnahme ohnehin noch nachtragen musst.

Welche Schritte sind nötig? (Stand August 2022)

1. Gehe auf www.marktstammdatenregister.de und klicke oben rechts auf „Registrieren".
2. Klicke dann auf „Betreiber einer Stromerzeugungsanlage".
3. Auf der nächsten Seite klickst du auf „Registrierung starten".
4. Du wirst nun dazu aufgefordert, ein Benutzerkonto anzulegen.
5. Du erhältst eine E-Mail zur Bestätigung deiner Anmeldung.

6. Aktiviere dein Benutzerkonto, indem du in der E-Mail auf den Link klickst.
7. Nun geht es darum, dich als Anlagenbetreiber zu registrieren.
8. Dazu klicke auf „Marktakteur" erfassen.
9. Fülle nun die Formulare aus und nutze gegebenenfalls die Hilfen, welche neben den Feldern stehen.
10. Die Daten mit einem * müssen eingetragen werden. Die Felder mit zwei ** können später nachgetragen werden, sind aber ebenfalls Pflichtfelder.
11. Bestätige dann im nächsten Schritt, dass du die Berechtigung besitzt die Anmeldung vorzunehmen.
12. Gehe nun zurück zur Startseite.
13. Über die Schaltfläche „Einheit erfassen" kannst du deine Anlage anmelden.
14. Im nächsten Schritt gibst du an, was du anmeldest. Stromspeicher und Stromerzeuger, also die Photovoltaikanlage, muss als getrennte Einheiten angelegt werden. Beginne also mit der Erzeugungsanlage.
15. Nun kannst du die Art der Stromerzeugung wählen. Wähle „Solare Strahlungsenergie" aus.
16. Dann trage ein, ob die Anlage in Betrieb oder noch in Planung ist. Am besten trägst du die Anlage ein, wenn sie schon in Betrieb ist.
17. Wähle nun einen Namen für deine Anlage aus und klicke auf „Weiter".
18. Gib das Datum der Inbetriebnahme und die Daten zum Standort an.
19. Außerdem musst du die geografischen Koordinaten der Anlage eintragen.
20. Klicke dann auf „Weiter".

21. Gib nun die Anzahl der Module, die Leistung der Anlage und die Leistung des Wechselrichters an.
22. Dann trage ein, ob du einen Stromspeicher betreibst und ob dieser einen gemeinsamen Wechselrichter mit der Solaranlage besitzt oder nicht.
23. Nun gib noch an, ob für die Anlage eine Leistungsbegrenzung besteht. Diese Informationen erhältst du im Zweifel auch von deinem Installateur.
24. Nun sind noch Angaben zum Errichtungsort und zur Ausrichtung der Module einzutragen.
25. Gib außerdem an, ob du Teil oder Volleinspeiser bist und ob die Anlage vom Netzbetreiber ferngesteuert werden kann. Klicke dann auf „Weiter".
26. Wähle deinen Netzbetreiber, gib dann die Spannungsebene an (meist ist das im Privatbereich „Niederspannung". Bitte aber konkret für deinen Fall prüfen!)
27. Trage dann die vom Netzbetreiber vergebene Identifikationsnummer der Einheit ein.
28. Dann wirst du aufgefordert, die EEG-Anlage zu erfassen. Hier wird die erstmalige Inbetriebnahme aus deinen Angaben übertragen. Sofern vorhanden, trage hier den EEG-Anlagenschlüssel und Anlagenkennziffer aus dem Anlagenregister ein.
29. Nun klicke auf „Registrierung abschließen".

WIE LANGE DAUERT ES, BIS SICH DIE ANLAGE AMORTISIERT?

Ich habe anhand der Berechnungen in den oberen Kapiteln gezeigt, wie sich die Stromrechnung mit einer Photovoltaikanlage verändern kann. Je nach System, also entweder mit Speicher oder ohne Speicher, unterscheidet sich die Einsparung gering. Hier können wir nun die Einsparung für die Stromkosten zugrunde legen, um zu ermitteln, wann sich die Anlage amortisieren wird. Wer es ganz grob wissen möchte, teilt den Anschaffungswert der Anlage durch die mögliche Einsparung pro Jahr. Das Ergebnis drückt dann die Jahre aus, die es dauern wird, bis sich die Anlage selbst abbezahlt hat. Bitte nutze für deine Berechnung den Preis deines Angebots und deine möglichen Einsparungen aus den vorangegangenen Kapiteln. Ich werde zunächst beispielhaft die Amortisation ohne Stromspeicher für die Anlage mit 10,55 kWp aus der Berechnung im Kapitel „Die Entscheidung steht: Du möchtest einen Speicher haben! So ermittelst du die richtige Speichergröße!“ berechnen.

Formel:

Amortisation in Jahren = Anschaffungswert / Einsparung pro Jahr

Beispiel mit geschätztem Anschaffungswert ohne Stromspeicher für 10,55 kWp:

Amortisation in Jahren = 17.000 € / 1.402,3 €
Amortisation in Jahren = 12,1 Jahre

Nun möchte ich die Berechnung auch noch für die Anlage mit Speichersystem aufstellen. Ich gehe dabei von einem Speichersystem aus, welches brutto 1.200 € pro Kilowattstunde kostet und eine Kapazität von 10 kWh vorweist. Die jährliche Einsparung, welche in der Rechnung genutzt wird, wurde im Kapitel „2. PV-Anlage ohne Stromspeicher" berechnet.

Formel:

Amortisation in Jahren = Anschaffungswert / Einsparung pro Jahr

Beispiel mit geschätztem Anschaffungswert mit Stromspeicher für 10,55 kWp:

Amortisation in Jahren = 29.000 € / 2.306 €
Amortisation in Jahren = 12,6 Jahre

Es lässt sich erkennen, dass die Anlage mit Speicher, obwohl der Eigenverbrauch deutlich erhöht ist, trotzdem etwas länger braucht, um sich zu amortisieren. Es muss jedoch erwähnt werden, dass diese Berechnung durch viele Variablen wie den Preis pro Kilowattstunde für den Netzbezug, die Anschaffungskosten für das Speichersystem etc. stark beeinflusst wird. Je geringer der Anschaffungspreis der Anlage und je höher der Preis pro Kilowattstunde für den Netzbezug, desto schneller amortisiert sich die Anlage. An dieser Stelle möchte ich darauf hinweisen, dass viele Anbieter in den Angeboten mit langen Laufzeiten und dabei jährlich mit steigenden Strompreisen rechnen. Bitte beachte, dass dies ausschließlich Annahmen sind und keine Tatsachen darstellen. Es kann sein, dass sich der Strompreis nicht stark nach oben bewegt oder sogar durch politische beziehungsweise wirtschaftliche Änderungen gleichbleibt oder sogar sinken wird. Das verändert die Rechnung über die Jahre drastisch. Diese von mir vereinfachte Rechnung gibt dir also ein Gefühl dafür, wie schnell sich die Anlage mit den aktuell geltenden Preisen und deinem aktuellen Angebot rechnen würde.

Eine komplexere Berechnung der Amortisation ist möglich. Hierfür werden weitere Parameter wie entgangene Zinsen für das eingesetzte Kapital, Abschreibungen beim Finanzamt, Zeitverlust, Steuern auf den Eigenverbrauch, Degradation der Module und Weiteres einbezogen. Trotzdem ist es mir wichtig, darauf hinzuweisen, dass bei Einsatz von Bargeld, also dem Kauf der Anlage durch Erspartes, die entgangenen Gewinne durch Zinsen, Aktien oder ähnliche Finanzprodukte zu berücksichtigen sind. Es kann sich also lohnen, die Anlage mit einem günstigen Kredit zu finanzieren. Hierzu findest du im Kapitel „Bar kaufen, oder finanzieren?" weitere Informationen.

DIE ANLAGE KAUFEN ODER MIETEN?

Immer wieder sehe ich online Angebote, eine Photovoltaikanlage zu mieten oder zu pachten. Es wird damit geworben, dass ausschließlich die monatlich anfallenden Stromkosten zu zahlen sind. Große Investitionskosten entfallen, ebenfalls die Wartung, Reparatur, Säuberung und Instandhaltung der Anlage. Zusammengefasst: Wenig Aufwand für die eigene Photovoltaikanlage und null Euro Anschaffungskosten. Das klingt zu Beginn nach einem Rundum-Sorglos-Paket. Doch ergibt es wirtschaftlich Sinn, die Anlage auf dem eigenen Dach installieren zu lassen, um sie dann anschließend zu mieten? Darauf möchte ich in diesem Abschnitt eingehen.

Zunächst klingen die Angebote sehr attraktiv und locken durch niedrige monatliche Raten und festgeschriebene Kosten über viele Jahre. Diese sind unter anderem abhängig von der installierten Anlagengröße und dem individuellen Verbrauch. Die Raten belaufen sich häufig auf 60 bis 200 € pro Monat. Da die Laufzeiten für diese Verträge jedoch sehr lang angesetzt sind – meist bis zu 20 Jahre – summieren sich die Raten im Laufe der Jahre zu beträchtlichen Beträgen. Gehe ich von 100 € pro Monat aus, ergibt dies 1.200 € pro Jahr. Multipliziert mit 20 Jahren sprechen wir von 24.000 €. Das klingt erst mal überschaubar. Als weiteres Argument der Anbieter werden die zukünftigen Strompreise angeführt, welche höchstwahrscheinlich weiter steigen. Für 24.000 € kann allerdings schon eine relativ große Anlage installiert werden. Da die monatliche Rate von 100 € aus dem Beispiel noch relativ niedrig angesetzt ist, möchte ich zudem darauf hinweisen, dass die Kosten über die 20 Jahre den Anlagenwert auch schnell um ein Vielfaches übersteigen, was daran liegt, dass das Unternehmen, welches die Anlage vermietet, neben der Installation auch die Kosten für Finanzierung, Versicherung, Reparaturen und Wartung selbstverständlich einkalkulieren. Zusätzlich möchte das Unternehmen natürlich auch wirtschaftlich sein und muss Gewinne generieren. Es lohnt sich also, solche Angebote genau zu prüfen. Auch die Versicherung ist nicht immer in den Angeboten enthalten. Ob die monatlichen Raten fix sind oder durch den Anbieter angepasst werden können, ist ein wichtiger Aspekt, welcher massiven Einfluss auf die Rechnung haben kann.

Bist du eigentlich Betreiber der gemieteten Anlage?
Als Mieter der Anlage bist du zwar nicht Eigentümer der Anlage, aber trotzdem der Betreiber der Anlage. Das bedeutet, dass der eigene Solarstrom auch verbraucht werden darf. Der in das Netz eingespeiste Strom wird zudem verkauft und nach den Einspeisevergütungen (wie zuvor beschrieben) des EEG vergütet. Je nach Vertrag kann am Ende der Vertragslaufzeit ein kleiner Gewinn oder aber ein großer Verlust verzeichnet werden.
Je nach Anbieter ist die Miete oder Pacht meist deutlich teurer, als sich die Anlage selbst anzuschaffen. Die Vorteile, eine Anlage zu mieten oder zu pachten liegen darin begründet, dass du dich selbst nicht mit den technischen Details der Photovoltaikanlage auseinandersetzen und dich nicht um Wartung, Reparatur etc. kümmern musst, da alles das vermietende

Unternehmen übernimmt. Nachteil ist die lange Laufzeit und Bindung. Denn auch im Falle eines Hausverkaufs oder einem Erbfall laufen die Verträge meist weiter. Ein weiterer Aspekt, der für den Kauf oder die Finanzierung der Anlage spricht, ist die Möglichkeit der nachträglichen Erweiterung und Anpassung an neue Gegebenheiten oder Lebensumstände. Entsteht im Laufe der Zeit der Wunsch nach einer Änderung in der Anlage, ist dies bei der Mietvariante kaum möglich. Sei es die Nachrüstung eines Speichers oder die Installation und Einbindung einer Wallbox in das System. Dies ist bei der eigenen Anlage vergleichsweise unkompliziert umsetzbar.

Da Speichersysteme zur Erhöhung des Eigenverbrauchs immer häufiger auch in Angeboten für Mietanlagen berücksichtigt werden, ist es hier besonders wichtig auf einige Details zu achten. Die Mietrate wird sich durch das Einbinden eines Speichers erhöhen, weil die Gesamtkosten für die Anlage steigen. Außerdem ist es wichtig, die Vertragsdetails zum Speicher zu beachten. Die Speicherhersteller geben meist zehn Jahre Garantie. Doch steht auch im Vertrag, was in einem Garantiefall oder bei einem Schaden am Speicher außerhalb der Garantiezeit passiert? Solche Umstände sollten unbedingt geklärt sein. Du merkst, viele Aspekte im Mietvertrag können dazu führen, dass du dich unter Umständen in Zukunft ärgern könntest. Damit das nicht der Fall ist, nimm dir unbedingt die Zeit und prüfe das Angebot ausgiebig. Beachte zudem unbedingt, dass du 14 Tage Widerrufsrecht in Anspruch nehmen kannst, solltest du dir unsicher sein, dann greife darauf zurück. Es handelt sich um lange Vertragslaufzeiten und große Summen. Nichts wäre ärgerlicher als ein jahrzehntelanges schlechtes Gefühl mit dem Mietvertrag.

Nach der Vertragslaufzeit kann die Anlage in den meisten Fällen kostenlos übernommen und weiter betrieben werden. Auf Wunsch kann die Anlage dann bei einigen Anbietern auch rückgebaut werden. Auch das ist ein Punkt, der vertraglich festgehalten sein sollte.

Hast du bei der Miete etwas mit der Bürokratie zu tun?
Auch an der Bürokratie kommst du nicht komplett vorbei, wenn du eine Photovoltaikanlage mieten möchtest. Du musst die Anlage trotzdem selbst beim Markstammdatenregister anmelden. Dies wird dir zum Teil jedoch auch durch das vermietende Unternehmen vereinfacht. Schaue hier also genau, welche Services dir geboten werden und was dir persönlich wichtig ist. Ausführlicher gehe ich auf die Anmeldung beim Marktstammdatenregister unter „Welche Schritte der Anmeldung sind nötig?" ein. Zudem liegt die steuerliche Berücksichtigung in deiner Verantwortung. Erledigst du deine Steuererklärung selbst, dann musst du die Anlage hierbei in Zukunft berücksichtigen. Lässt du die Steuererklärung durch einen Steuerberater anfertigen, dann musst du die Informationen über die Photovoltaikanlage weitergeben.

BAR KAUFEN ODER FINANZIEREN?

Bei der Planung der eigenen Anlage kommt schnell die Frage auf: „Kaufe ich die Anlage bar oder finanziere ich sie?". Wenn du dir diese Frage stellst, da du entweder nicht über die nötigen finanziellen Mittel verfügst oder dir eine Photovoltaikanlage theoretisch bar leisten könntest, jedoch weitere Investitionen planst, möchte ich dir im Folgenden einen kleinen einen Ausblick verschiedener Varianten der Finanzierung geben. Die Anzahl der Möglichkeiten würden sonst den Rahmen dieses Buches sprengen. Manchmal kann es sinnvoller sein, eine Anlage mit günstigem Fremdkapital zu finanzieren. Die zu zahlenden Zinsen kannst du den Einnahmen durch die Photovoltaikanlage gegenüberstellen. Dadurch bekommst du schnell einen Eindruck, ob die Finanzierung sinnvoll ist oder nicht. Ich empfehle daher eindeutig, das Angebot der Photovoltaikanlage mit deinem Finanzierungsberater zu prüfen. Lass dich dort ausführlich zu verschiedenen Finanzierungsmöglichkeiten beraten. Auch die KfW bietet zum Teil interessante Finanzierungsmöglichkeiten an. Hier könnte zum Beispiel der „Erneuerbare Energien – Standard" Kredit 270 infrage kommen. Hier geht es zum Kredit: *https://www.kfw.de/inlandsfoerderung/Privatpersonen/Bestandsimmobilie/Förderprodukte/Eneuerbare-Energien-Standard-(270)/* (Stand 08.09.2022)

Wird die Anlage im Rahmen eines Neubaus oder einer energetischen Sanierung errichtet, dann bietet die KfW hier den „Wohngebäude-Kredit"

Kredit 261 an. https://www.kfw.de/inlandsfoerderung/Privatpersonen/Bestehende-Immobilie/Förderprodukte/Bundesförderung-für-effiziente-Gebäude-Wohngebäude-Kredit-(261-262)/ *(Stand 08.09.2022)*

HEIZEN MIT STROM AUS DER PHOTOVOLTAIKANLAGE ANLAGE?

Die Wärmepumpe

Besonders bei einem Neubau stellt sich für viele Bauherren die Frage nach einer energetisch sinnvollen Lösung für das Heizen. Viele tendieren zu einer Kombination aus Photovoltaik und Wärmepumpe. Im Prinzip ist dies auch eine gute Kombination, da aus einer Kilowattstunde Strom mittels Wärmepumpe – abhängig vom Gerät – ca. 3-5 kW Wärmeenergie erzeugt werden können. Wird also Warmwasser oder Wasser für den Heizungskreislauf mittels Photovoltaikanlage erzeugt, ist dies durchaus sehr effizient und sinnvoll. Zumal der Strom vor allem im Sommer für das Warmwasser ausreichend zur Verfügung steht. Auch in den Übergangsmonaten kann diese Kombination Sinn ergeben, da die Photovoltaikanlage die Wärmepumpe gut unterstützt. Spätestens in den Monaten November, Dezember und Januar wird es dann realistisch betrachtet schwierig, die Energie für die Wärmepumpe durch die Photovoltaikanlage zur Verfügung zu stellen. Die Wärmepumpe benötigt im Verhältnis zu der Produktion der meisten Photovoltaikanlagen in dieser Jahreszeit zu viel Energie. Sprich: Die Photovoltaikanlage liefert in den meisten Fällen nicht mehr genug Energie, um die Wärmepumpe und den Haushalt mit Strom zu versorgen. In neueren Gebäuden sind meistens Flächenheizungen verbaut. So eignet sich die Fußbodenheizung zum Beispiel gut für die Wärmepumpe. Woran liegt das? Die Flächenheizungen benötigen eine geringere Vorlauftemperatur und können somit effizienter betrieben werden als ein herkömmlicher Heizkörper. Dieser wird nämlich mit einer höheren Vorlauftemperatur betrieben. Die niedrigeren Vorlauftemperaturen in Flächenheizungen benötigen jedoch weniger Energie und sind somit für den energiebewussten Betrieb mit einer Wärmepumpe gut geeignet. Dies soll jedoch kein Ausschlusskriterium für eine Wärmepumpe in Bestandshäusern darstellen. Auch hier bleibt es im Einzelfall zu prüfen, ob die Umstellung auf eine Wärmepumpe sinnvoll sein kann. Wichtig ist, dass die Wärmepumpe intelligent mit dem Wechselrichter verbunden ist. So kann der Wechselrichter beispielsweise bei überschüssigem Strom gezielt die Wärmepumpe ansteuern und der Strom wird direkt zur Erwärmung des Wassers genutzt. Damit die Geräte gut aufeinander abgestimmt sind, empfehle ich – bei gleichzeitiger Anschaffung – eine gute Kommunikation zwischen den Gewerken. Wird die Wärmepumpe oder eine Photovoltaikanlage nachgerüstet, solltest du genau kommunizieren, was schon verbaut ist und was dir hierbei wichtig ist.

Auch in diesem Fall hängt erneut viel von dem persönlichen Verhalten, dem Baujahr und der Dämmung des Hauses und natürlich auch von der Größe der Photovoltaikanlage ab. Hohe Raumtemperaturen erfordern beispielsweise einen höheren energetischen Aufwand. Daher wird mehr Strom benötigt. Wer zudem im Haushalt noch andere große Verbraucher betreibt, wie zum Beispiel ein Elektroauto, der hat in den Wintermonaten sehr große Schwierigkeiten, die Wärmepumpe mit eigenem Strom zu betreiben. Trotzdem bleibt es gerade in den Übergangsmonaten eine sinnvolle Kombination. Außerdem können die Anlagen im Sommer auch zum Klimatisieren beziehungsweise Kühlen genutzt werden. Ob das genutzt wird, ist wieder eine persönliche Entscheidung. Fakt ist, dass im Sommer meist genug Energie von der Photovoltaikanlage zur Verfügung stünde.

Auch der Einsatz einer Brauchwasser-Wärmepumpe kann sinnvoll sein. Hier wird gezielt das Brauchwasser mit der Wärmepumpe erwärmt. Dieses Gerät kostet in der Anschaffung deutlich weniger als eine Heizungswärmepumpe, ist kleiner und kann im bivalenten System mit einer herkömmlichen Heizung betrieben werden. Wer also nicht die gesamte Heizung umrüsten möchte, sollte diesem Bereich seine Aufmerksamkeit schenken, um eventuell noch mehr vom eigenen Strom zu nutzen und den Verbrauch von Öl oder Gas zu senken. Die warme Außenluft oder die Luft, welche zum Beispiel durch Abwärme in Heizungskellern entsteht, wird hierbei genutzt. Diese thermische Energie wird dann in der Brauchwasserwärmepumpe nutzbar gemacht.

Infrarot Heizung

Mit Strom Wärme zu erzeugen war lange Zeit unwirtschaftlich, da andere Energieträger günstiger waren. Dies hat sich mit der Zeit gewandelt und wird eine eigene Photovoltaikanlage betrieben, kann die Umstellung auf eine Infrarotheizung sinnvoll sein. Die Infrarotheizung funktioniert so, dass die Energie

der Infrarotstrahlen in Wärme umgewandelt wird, wenn diese auf Körper oder Gegenstände treffen. Die wohlige Wärme der Infrarotstrahlen kennen wir zum Beispiel von gemütlichen Abenden am Kamin.
Einige Photovoltaikanlagen-Betreiber ergänzen ihre Heizung mit Strom betriebenen Infrarot-Heizkörpern. Die bestehende Heizungsanlage wird dabei nicht verändert. Diese kann jedoch in ihrer Leistung reduziert werden, da es ja nun weitere Infrarot-Heizkörper gibt. Diese werden über einen normalen Schuko-Stecker angeschlossen und können dann an eine freie Fläche, wie beispielsweise einer Wand, installiert werden. Die Infrarotheizung nutzt dann, im optimalen Fall, den Strom aus dem Heimspeicher oder direkt vom Photovoltaik-Generator.
Wirtschaftlich interessant sind Infrarotheizungen jedoch auch in Neubauten oder in bestehenden Passivhäusern. Hier können durchdachte, effiziente und moderne Systeme eingebaut werden. Das sind dann beispielsweise Systeme, welche in der Wand integriert sind und somit flächendeckend für ein angenehmes Raumklima sorgen. Aufgrund dessen, dass diese Häuser generell einen geringeren Energiebedarf vorweisen, wird auch für die Infrarotheizung weniger Strom benötigt. Somit ist der Betrieb der Anlage bereits wirtschaftlicher. Was hinzukommt: Die Anschaffung eines herkömmlichen und wasserführenden Systems ist deutlich teurer. Mit Blick auf die Wirtschaftlichkeit kann der Betrieb einer Infrarotheizung also sehr lukrativ sein, besonders dann, wenn der Strom zum Betrieb größtenteils selbst erzeugt wird.

FÖRDERUNGSMÖGLICHKEITEN FÜR DEINE PHOTOVOLTAIKANLAGE?

Neben der Einspeisevergütung, die ebenfalls zu den Förderungen für Photovoltaikanlagen zählt, existieren in den verschiedenen Bundesländern und zum Teil auch in den Gemeinden und Städten zahlreiche und unterschiedlichste Förderprogramme. Da diese Programme jedoch zeitlich und teilweise stark im Volumen begrenzt sind, kann ich hier keine genauen Angaben zu aktuellen Förderungen geben. Informiere dich in deiner Region durch eine kurze Online-Recherche, ob aktuell Förderungen angeboten werden. Zudem empfehle ich dir, deinen Fachbetrieb auf mögliche Förderungen anzusprechen. Gute Betriebe sollten bezüglich solcher Förderungen auf dem aktuellen Stand informiert sein, da regelmäßig Förderprogramme, zum Beispiel für Stromspeicher, angeboten wurden. Es wäre doch schön, wenn du durch eine kleine Recherche davon profitieren kannst.

Wichtig! Förderungen sollten bewilligt sein, bevor du einen Vertrag unterschreibst.

STEUERN AUF SOLARSTROM?

Bevor ich hier darauf eingehen möchte, welche steuerlichen Möglichkeiten du als Betreiber einer Photovoltaikanlage hast, möchte ich deutlich darauf hinweisen, dass dies keine steuerliche Beratung darstellt oder ersetzt. Aufgrund der Komplexität des Themas möchte ich dir hier nur die wichtigsten Aspekte für Privatpersonen darlegen. Informiere dich im Zweifel unbedingt bei deinem Steuerberater.

Betreibst du deine Photovoltaikanlage und speist Strom in das öffentliche Netz ein, wofür du eine Vergütung bekommst, dann bist du vor dem Finanzamt gewerblich tätig. Damit unterliegst du bisher allen steuerlichen Rechten und Pflichten. Soll heißen: Für dich werden nun unter Umständen (mehr dazu später) die Ertragssteuer und die Umsatzsteuer relevant. Doch Achtung! Ab Januar 2023 werden die steuerlichen und bürokratischen Hürden bei Installation und Betrieb einer Photovoltaikanlage abgebaut. Für ein Grundverständnis gehe ich trotzdem kurz auf die Ertragssteuer und die Umsatzsteuer ein.

Ertragssteuer

Das wirtschaftliche Ergebnis wird der Besteuerung unterworfen. Soll heißen: Einkommensteuer, Lohnsteuer, Gewerbesteuer, Kapitalertragssteuer und Körperschaftssteuer gehören zu den Ertragssteuern. Da du gewerblich mit der Photovoltaikanlage aktiv wirst, hast du hier nun neue Pflichten zu erfüllen.

Umsatzsteuer

Die Umsatzsteuer (USt) ist die Steuer, welche beim Verkauf beziehungsweise beim Tausch von Dienstleistungen und Produkten von Unternehmen erhoben wird. Für deinen Strom aus der Photovoltaikanlage beträgt diese Steuer 19 Prozent.

Die Vereinfachungen ab Januar 2023

Für Anlagen, welche ab Januar 2023 installiert werden, ist eine enorme steuerliche und bürokratische Vereinfachung geplant. Die Ertragssteuer entfällt somit für Einnahmen aus Anlagen von bis zu 30 kW auf Einfamilienhäusern und Gewerbeimmobilien beziehungsweise 15 kW je Wohn- und Gewerbeeinheit bei Gebäuden, welche überwiegend für Wohnzwecke genutzt werden. Zusätzlich ist eine Entlastung bei der Umsatzsteuer vorgesehen. So muss **keine** Umsatzsteuer auf die Installation der Photovoltaikanlage und Speichersysteme gezahlt werden, wenn die Photovoltaikanlage privat und in der Nähe der Wohnung beziehungsweise des Hauses errichtet wird. Ein Verzicht auf die Kleinunternehmerregelung entfällt somit und es muss keine regelmäßige Umsatzsteuererklärung abgegeben werden. Bisher hatten sich viele Betreiber dafür entschieden, auf die Kleinunternehmerregelung zu verzichten, um die Vorsteuer zurückzuerhalten.

Die Vereinfachungsregel

Seit 2021 kannst du dich von der Pflicht, deine Gewinne zu versteuern, befreien lassen, sofern deine Anlage kleiner als 10 kWp ist. Nun wird es auch ab dem 01. Januar 2023 für Anlagen bis 30 kWp möglich sein, von der Vereinfachungsregel Gebrauch zu machen. Formulare zum Beantragen der Vereinfachungsregel findest du online. Wie und unter welchen Umständen du von der Vereinfachungsregel Gebrauch machen kannst, erkläre ich dir hier.

Folgende Voraussetzungen müssen erfüllt sein:

- Deine Anlage umfasst maximal 30 kWp Leistung und wird von dir alleine oder mit weiteren Personen (z. B. Ehefrau oder Ehemann) gemeinsam betrieben. Betreibst du jedoch mehrere Anlagen, darf die Gesamtleistung nicht mehr als 30 kWp betragen.
- Du musst einen Teil des erzeugten Stroms privat nutzen. Der Rest darf eingespeist werden.
- Die Photovoltaikanlage befindet sich auf einem Gebäude, welches du zum Wohnen nutzt.

Erfüllst du alle oben genannten Voraussetzungen? Dann kannst du die Vereinfachungsregel nutzen und musst keine Steuern auf deine Gewinne, welche du mit der Photovoltaikanlage erzielst, zahlen. Trotzdem musst du deine Anlage anmelden!

Hinweis! Ab dem 01. Januar 2023 kannst du dich von der Steuerpflicht befreien lassen, sofern deine Anlage zwischen 0 und 30 kWp groß ist.

Kleinunternehmerregelung oder Unternehmer sein?

Deine Anlage ist größer als 30 kWp? Dann kannst du nicht von der Vereinfachungsregel Gebrauch machen und musst dich zwischen der Kleinunternehmerregelung oder der Regelbesteuerung entscheiden.
Was ist die Vorsteuer eigentlich genau und wie kann ich diese zurückerhalten? Diese Frage ist ein zentraler Aspekt bei der Entscheidung für oder gegen das Betreiben einer Photovoltaikanlage als (Klein)Unternehmer.
Möchtest du die Vorsteuer zurückerhalten, da dies bei der doch beträchtlichen Summe für die Anschaffung einer Photovoltaikanlage, durchaus eine stolze Summe ausmacht? Dann solltest du darüber nachdenken, laut §19(2) UStG auf die Kleinunternehmerregelung zu verzichten und dich stattdessen für die Umsatzsteuerpflicht entscheiden. Doch eins nach dem anderen.
Was ist die Vorsteuer? Die Vorsteuer ist die Mehrwertsteuer, die ein Unternehmen auf Produkte oder Waren zahlt – also 19 Prozent. Diese Steuer kann dann in der Steuererklärung erstattet werden. Das heißt, ganz einfach ausgedrückt, dass du die Mehrwertsteuer deiner Anschaffungskosten erstattet bekommen kannst, wenn du dich entscheidest, die Anlage als Unternehmer zu betreiben. Allerdings bringt das auch die Pflicht für dich mit, eine jährliche Umsatzsteuererklärung anzufertigen. Hier muss also zunächst entweder durch dich selber oder durch einen Steuerberater alle drei Monate eine Umsatzsteuervoranmeldung erstellt werden – zumindest im ersten Jahr. Danach lässt sich mit dem Finanzamt oftmals ein

anderer Rhythmus festlegen. Am Ende des Jahres folgt dann die Umsatzsteuererklärung für das gesamte Jahr. Die Entscheidung zu wechseln und Kleinunternehmer zu werden, kannst du nach fünf Jahren treffen. Ein früherer Wechsel bringt unter Umständen Nachzahlungen beziehungsweise Rückzahlungen mit sich. Achte hier also auf die Fristen und frage im Zweifel lieber bei deinem Finanzamt oder Steuerberater nach.
Hast du dich gegen die Kleinunternehmer-Regelung entschieden, musst du im Rahmen deiner Umsatzsteuervoranmeldung, welche alle drei Monate abzugeben ist, auch deinen Eigenverbrauch des selbst produzierten Solarstroms versteuern. Du kannst übrigens die Vorsteuer der gesamten Kosten für die Anlage zurückerhalten – also auch für den Speicher. Das solltest du berücksichtigen, wenn du noch unsicher bist, ob du einen Speicher installieren möchtest oder nicht. Denn kaufst du den Speicher später, erhältst du die Vorsteuer nicht zurück. Achtung: Wenn du die Vorsteuer des Speichers erstattet bekommst, muss der Speicher zu 10 Prozent betrieblich genutzt werden. Das ist schwer nachzuweisen, denn der Speicher steht vermutlich in deinem privaten Haushalt und wird privat genutzt. Mir ist bisher kein Fall bekannt, bei dem das ein Problem darstellte, dennoch bist du verpflichtet, im Zweifel die 10-prozent betriebliche Nutzung nachzuweisen.

Erzielst du – außer durch die Einspeisevergütung – keine weiteren Einnahmen aus unternehmerischer Tätigkeit, kannst du die „Kleinunternehmerregelung" wählen. Diese Regelung ist bei einem jährlich zu erwartenden Umsatz bis zu 22.000 € möglich und gewährleistet die Befreiung von der Umsatzsteuer. Dann erhältst du die Vorsteuer jedoch nicht zurück.

Dem gegenübergestellt, erwarten dich allerdings deutlich weniger Pflichten seitens des Finanzamts.

Erkennt das Finanzamt den Betrieb deiner Photovoltaikanlage als **Liebhaberei** an, kannst du trotzdem die Kosten für die Montage und die Installation als Handwerkerleistung von deiner Einkommensteuer absetzen. Dazu muss die Arbeitsleistung von deinem Fachbetrieb jedoch gesondert auf der Rechnung ausgewiesen werden.

Den Steuern musst du jedoch weiterhin Beachtung schenken. So gibt es die Möglichkeit, die Anlage über 20 Jahre abzuschreiben oder als Unternehmer, wenn die Phtotovoltaikanlage beispielsweise für den Betrieb genutzt wird, durch den Investitionsabzugsbetrag (IAB) steuerliche Vorteile geltend zu machen. Ich möchte aber nochmals darauf hinweisen, dass ich die Beratung durch einen Steuerberater nicht ersetzen kann und darf. Bitte lass dich also vorher beraten, es kann sich lohnen.

WALLBOXEN UND STECKERTYPEN

Immer mehr Menschen entscheiden sich dazu, bei einem Neukauf auf einen Hybrid oder auf ein reines Elektroauto umzusteigen. Wer dieses Auto dann noch mit eigenem Strom aus der Photovoltaikanlage laden könnte, denkt wahrscheinlich gar nicht mehr über einen Verbrenner nach. Folgende Argumente sprechen dafür, das eigene Elektroauto mit Solarstrom zu beladen:

1. Du fährst mit dem eigenen Solarstrom nahezu emissionsfrei.
2. So günstig, wie den eigenen Strom vom Dach, kannst du nirgendwo anders tanken.
3. Der Preis für deinen eigenen Solarstrom bleibt unverändert.
4. Du erhöhst enorm deinen Eigenverbrauch aus der Photovoltaikanlage.

Somit möchte ich auf das Thema Wallboxen und Steckertypen zu sprechen kommen. Denn das Elektroauto zu Hause über eine Schuko-Steckdose zu laden, ist zwar möglich, dauert aber sehr lange. Klar, es gibt auch Adapter für Starkstromanschlüsse, doch diesen Anschluss hat nicht jeder zu Hause. Ansonsten ist dies eine gute und günstige Möglichkeit, das E-Auto schneller zu beladen, ohne extra Kosten für eine Wallbox zu haben und diese installieren zu lassen. Später gehe ich darauf genauer ein. Wer eine Photovoltaikanlage betreibt und den Strom intelligent in das E-Auto laden möchte, wird schnell über eine Wallbox nachdenken, die eine sinnvolle Schnittstelle zwischen

E-Auto und Photovoltaikanlage bildet. Die Wallbox kommt mit einem Typ-2 Stecker, dieser hat sich in Europa als Standardstecker für Elektroautos durchgesetzt. Daher findest du auch an öffentlichen Ladesäulen fast immer einen Typ-2-Stecker vor. Der Typ-2-Stecker bietet auf drei Phasen eine Ladeleistung von maximal 22 kW (400V und 32 A).

Bei der Wahl der Wallbox empfehle ich daher grundsätzlich, dass diese intelligent mit der Photovoltaikanlage verbunden ist. Es existieren kompatible Systeme verschiedener Hersteller, sodass Wallbox und Wechselrichter beziehungsweise auch das gesamte System inklusive Speicher sinnvoll miteinander kommunizieren. Es gibt auch Wallboxen, welche mit Fremdherstellern zusammenarbeiten. Hier kann deshalb aus mehreren Angeboten gewählt werden. Ich selber habe mich für ein System vom gleichen Hersteller entschieden, kenne aber auch viele Menschen, die sich eine Wallbox eines anderen Herstellers zugelegt haben. Um nur einige Anbieter von Wallboxen zu nennen: Kostal, Fronius, openWB, SMA, Pulsar, Mennekes, Heidelberg, sonnen etc.

Warum ist es sinnvoll, dass die Wallbox mit dem Gesamtsystem intelligent zusammenarbeitet? Die Photovoltaikanlage produziert über den Tag nicht immer gleich viel Strom. Durch eine intelligente Wallbox kann eine Abfahrtszeit programmiert werden. Zu dieser soll das Auto bis zu einem bestimmten Punkt geladen sein. Steckst du beispielsweise dein Auto nach deiner Rückkehr an einem Freitag um 15 Uhr ein, kannst du einstellen, dass es samstags um 15 Uhr zu 80 Prozent geladen sein soll. Nun ermittelt das System über Wetterprognosen, Ladestand des Akkus des Fahrzeugs (muss an AC-Wallboxen, wie sie zu Hause üblich sind, meist manuell in der App der Wallbox eingegeben werden, da viele Wallboxen nicht in der

Lage sind, die Daten des Autos auszulesen) sowie über die Prognosen den Ladeverlauf der Photovoltaik-Erzeugung. Wenn die Sonne scheint, wird meist sofort oder mit leichter Verzögerung mit dem Überschussstrom, welcher sonst eingespeist werden würde, geladen. Dadurch wird der Eigenverbrauch enorm gesteigert und der Bezug aus dem Netz stark reduziert. Das spart nicht nur eine Menge Geld ein, da kein Strom aus dem Netz gekauft werden muss, es stellt zudem eine sehr saubere Art des Ladens dar, da in dieser Einstellung möglichst viel Solarstrom geladen wird. Nähert sich der Abfahrtszeitpunkt und das Auto ist noch nicht bis zum gewünschten Punkt geladen, so wird dieses dann aus dem Netz beladen. Sollte es mal schnell gehen, lässt sich es sich so an der Wallbox einstellen, dass mit maximaler Leistung geladen werden soll. Das schnelle Laden kann manuell zu jeder Zeit gewählt werden, falls es doch kurzfristiger wieder auf die Straße gehen soll. Im privaten Bereich mit Typ-2 Stecker bedeutet Schnellladen meist bis maximal 11 kW Ladeleistung. Mit extra Antrag beim Netzbetreiber kann auch mit einigen Wallboxen bis 22 kW geladen werden. Informiere dich hier bitte vorher. Gleiches gilt für Förderungen von Wallboxen. Wallboxen werden zum Teil mit erheblichen Zuschüssen unterstützt. Daher lohnt sich der Antrag.

Zusammenfassung:

Vergleiche unbedingt die Wallboxen. Es gibt verschiedene Systeme. Sind alle Komponenten von einem Hersteller, arbeiten diese meist sinnvoll zusammen. Diese Lösung ist jedoch nicht automatisch die Beste und besonders, wenn du eine Wallbox nachrüsten möchtest, empfehle ich dir, diese genau zu vergleichen. Es gibt Wallboxen von diversen Herstellern, welche ohne große IT-Kenntnisse sehr intelligent in das System eingebunden werden können. Die openWB ist nur eine von mehreren Wallboxen, die es sich anzuschauen lohnt.

Laden des Elektroautos mit Überschussstrom ohne Wallbox. Die Schuko-Steckdose

Betreibst du schon eine Photovoltaikanlage und möchtest keine zusätzliche Installation für eine Wallbox durchführen lassen? Oder sprechen andere Gründe gegen die eigene Wallbox? Dann heißt das nicht, dass du darauf verzichten musst, mit Überschussstrom zu laden. Das Elektroauto kann mittels Adapter über die herkömmliche Haushaltssteckdose, die Schuko-Steckdose, geladen werden. Die Ladeleistung ist mit 2,3 kW (230 V, 10 A auf einer Phase) jedoch stark limitiert. Trotzdem bietet dir auch diese langsame Form die Möglichkeit, deinen eigenen Photovoltaik-Strom in das Elektroauto zu laden. Sogar bei kleineren Anlagen ist es somit möglich, den Eigenverbrauch extrem zu erhöhen. Wichtig ist hierbei, dass dir klar sein muss, dass das Laden eines Elektroautos mit großem Akku sehr viel Zeit in Anspruch nimmt. Möchtest du also kurzfristig mobil sein, ist diese Form des Ladens keine geeignete Lösung. Es bietet sich eher für Nutzer, die weniger fahren oder mehrfach am Tag kurze Strecken zurücklegen, an. Es muss dir ebenso klar sein, dass diese Form des Ladens nicht intelligent gesteuert wird. Hier bist du dafür verantwortlich, wann das Auto geladen wird, um möglichst viel eigenen Strom zu verbrauchen.

Der Starkstromanschluss – CEE-Steckdose am Haus

Dieser Anschluss bietet 400 Volt, 16 A und eine Ladeleistung von 11 kW auf insgesamt drei Phasen. Zu erkennen ist der Anschluss zu Hause oder an anderen Gebäuden an der roten Steckdose. Viele Häuser besitzen einen solchen Starkstromanschluss, womit Maschinen wie beispielsweise Holzspalter oder Betonmischmaschinen betrieben werden können. Doch auch das Elektroauto kann hiermit beladen werden. Hierfür gibt es diverse Adapter, welche entweder vom Hersteller direkt mit dem Fahrzeug geliefert werden oder im Fachhandel erhältlich sind.

Was sind die Vorteile?

Der Anschluss liegt entweder bereits am Haus und kann direkt genutzt werden oder kann für einen verhältnismäßig geringen Preis nachgerüstet werden. Die Autohersteller sehen beim Beladen über die CEE-Steckdose keine Probleme, weshalb ohne großen Aufwand ein direktes Beladen möglich ist. Zudem bietet diese Variante ein deutlich schnelleres Laden als an der Schuko-Steckdose, kostet zudem nur einen Bruchteil einer Wallbox, welche mit der gleichen Ladeleistung lädt.

Was sind die Nachteile?
Als Nachteil ist die fehlende Absicherung zu nennen. Bei Blitzschlag ist das Auto beispielsweise nicht gegen Überspannung geschützt und kann Schaden nehmen. Die Installation darf außerdem nur von Fachpersonal vorgenommen werden, da es sich hierbei um Starkstrom handelt. Achtung, es besteht Lebensgefahr! Diese Art zu Laden bietet kein intelligentes Überschussladen im Zusammenhang mit der Photovoltaikanlage. Sobald das Auto verbunden ist, wird auch geladen. Wer also möglichst viel Eigenstrom laden möchte, wird mit dieser Lösung vermutlich nicht glücklich werden. Das Überschussladen ist zwar möglich, wenn das Auto am Tag und bei vorhandener Leistung von der Photovoltaikanlage geladen wird. Für die Steuerung des Überschussladens bist du bei dieser Variante aber selbst verantwortlich. Sprich: Wenn das Wetter umschlägt und du vergisst, den Ladevorgang zu pausieren, wird das Auto weiter mit Strom aus dem Netz beladen.
Weiterhin ist zu beachten, dass du das regelmäßige Laden deines Elektroautos, bei deinem Netzbetreiber meldest. Dies ist übrigens nicht dein Stromanbieter. Den Netzbetreiber findest du durch einen Blick auf deinen Stromzähler. Das ist erforderlich, damit der Netzbetreiber Kenntnis darüber hat, welche Leistungen an welchen Anschlüssen regelmäßig benötigt werden. Würden bei zunehmenden Anmeldungen von Elektroautos viele Menschen gleichzeitig auf die Idee kommen, ihren Starkstromanschluss zum Beladen des Elektroautos zu nutzen, so kann dies zu einer Überlastung des Starkstromnetzes führen. Dann wäre es möglich, dass es zu einem

Stromausfall in deiner Straße kommt, weil eine Sicherung in einer Trafostation ausgelöst wird.

Laden des Elektroautos aus dem Speicher?

Viele Betreiber einer Photovoltaikanlage kennen den Umstand, dass sie am späten Nachmittag oder Abend nach Hause kommen und das Elektroauto für den nächsten Tag geladen werden muss. Da liegt es nahe, aus dem Heimspeicher zu laden und damit weniger Kilowattstunden aus dem Netz zu beziehen. Doch ist das sinnvoll?
Eins direkt vorab: Wirtschaftlich ergibt dies keinen Sinn. Das liegt daran, dass der Heimspeicher mit einer Kapazität zwischen 5 kWh bis 20 kWh für den nächtlichen Bedarf des Haushaltes ausgelegt ist. Elektroautos besitzen einen deutlichen größeren Speicher, der sich meist zwischen 30 kWh und 60 kWh oder sogar höher bewegt. Der Verbrauch der meisten Elektroautos liegt je nach Fahrstil zwischen ca. 15 und 20 kWh pro 100 km. Das bedeutet, dass der Heimspeicher nur für einen Bruchteil der Ladung des Elektroautos sorgen kann. Außerdem entstehen somit Ladeverluste, da zusätzlich Energie in Wärme gewandelt wird. Da viele Systeme jedoch so arbeiten, dass der Bedarf im Haushalt zunächst durch den Speicher abgedeckt wird, lässt es sich kaum vermeiden, dass der Speicher auch zum Beladen des Elektroautos genutzt wird. Bei Speichersystemen mit geringen Entladeleistungen von ca. 3,3 kW kann bei einer Ladung des Elektroautos mit 11 kW über die Wallbox ohnehin nur ein Teil vom Speicher bereitgestellt werden. Bei Heimspeichern mit höherer Entladeleistung

dementsprechend auch mehr. Sinnvoller ist es jedoch, das Auto nach Möglichkeit direkt über die Photovoltaikanlage zu beladen. Hierdurch wird die Energie nicht erst gewandelt, um im Heimspeicher gespeichert zu werden, um später wieder beim Entladen der Batterie erneut gewandelt zu werden. Aus meiner eigenen Erfahrung kann ich berichten, dass es sich – zumindest in meinem Alltag – nicht verhindern lässt, aus dem Speicher zu laden. Mein System gibt dabei bis zu 10 kW ab und kann das Auto damit komplett aus dem Speicher beladen. Da ich nicht jeden Tag vollladen muss, ist es für mich eine super Möglichkeit, täglich etwas saubere Energie in das Fahrzeug zu laden. Das reicht in den überwiegenden Fällen vollkommen aus, um am nächsten Tag mobil zu sein und gleichzeitig noch das Haus mit Strom zu versorgen. Damit noch Restladung im Speicher bleibt, stelle ich daher am Auto ein, dass dies nicht voll beladen werden soll.

Mein Fazit: Versuche nach Möglichkeit immer direkt von der Photovoltaikanlage mit Überschussstrom das Elektroauto zu laden. Sollte doch mal der Heimspeicher genutzt werden, stellt das meiner Meinung nach kein Problem dar. Denn letztlich ist jede Kilowattstunde, egal ob im Haus oder im Elektroauto, die sauber durch deine Photovoltaikanlage produziert wurde, eine Kilowattstunde, die nicht aus dem Netz bezogen werden muss.

Wie lange dauert es, ein Elektroauto zu beladen?

Da die meisten Elektroautos fast ausschließlich zu Hause beladen werden, lohnt es sich, die vorherigen Möglichkeiten zu kennen und die eigene Entscheidung für oder gegen die jeweilige Varinate des Ladens zu treffen. Der ausschlaggebende Faktor für deine Entscheidung einer genannten Möglichkeit stellt sicherlich die Ladezeit dar.
Das Beladen über die Schuko-Steckdose dauert bei einem 40 kWh großen Akku mit 230 V und 10 Ampere (I) ca. 18 Stunden. Wer also auf kurzfristige beziehungsweise spontane Mobilität wert legt, entspricht das keiner passende Lösung. Um die Ladedauer zu berechnen, nutzt man folgende Formeln:

Formel für die Ladezeit in Stunden:
Ladezeit [h] = Speicherkapazität [kWh] / Ladeleistung [kW]

Wichtig ist auch die Ladeleistung zu berechnen.

Formel für die Ladeleistung:
Ladeleistung [W] = Spannung [V] x Strom [A]

Beispiel-Berechnung der Ladeleistung:
Lädst du zu Hause über die Schuko-Steckdose, so lädst du mit 230 V bei 10 A.
Ladeleistung = 230 V x 10 A
Ladeleistung = 2.300 W
Ladeleistung = 2,3 kW

Beispiel-Berechnung der Ladezeit:
Lädst du deinen 40 kWh Akku zu Hause mit 2,3 kW, so ergibt sich daraus folgende Ladezeit:

Ladezeit = 40 kWh / 2,3 kW
Ladezeit = 17,4 h

Wichtig zu wissen: Diese Berechnung berücksichtigt nicht die abnehmende Ladegeschwindigkeit bei zunehmendem Ladestand des Akkus. Etwa die letzten 20 Prozent des Akkus benötigen länger, um beladen zu werden. Dies ist auch der Grund, warum an Schnellladern oftmals nur bis 80 Prozent beladen wird. Dieser Akku-Ladestand kann schnell erreicht werden. Die letzten 20 Prozent würden beispielsweise an Autobahnen viel zu viel Zeit in Anspruch nehmen. An fast allen Ladesäulen oder auch im Bordcomputer deines Elektroautos wird dir die Ladedauer angezeigt. Alternativ weißt du nun, wie du deine Ladedauer berechnen kannst.

Extra: Laden an öffentlichen Ladestationen

Wer das Elektroauto regelmäßig für Kurzstrecken im Alltag nutzt, wird die meiste Zeit zu Hause laden. Doch auch weitere Strecken sind im Elektroauto durchaus möglich, auch wenn in vielen Köpfen noch die Reichweitenangst vorhanden ist. Mittlerweile ist das Ladenetz in Deutschland gut ausgebaut und auch weitere Strecken können mit Ladestopps gut gemeistert werden. Je nach Fahrzeug und abhängig vom Fahrstil variieren die Reichweite der Elektroautos stark. Der Renault Zoe und der VW eGolf sind mit ihren realistischen Reichweiten um die 250-300 km zunehmend eine Ausnahme. Immer mehr Elektroautos kommen mit deutlich größeren Akkus und dementsprechend mit größerer Reichweite auf den Markt. Generell vertrete ich die Meinung, dass eine komfortable Nutzung im Alltag wichtig ist, sodass die Fahrzeuge in der Lage sind, schnell zu laden. Sie sollten über die Möglichkeit verfügen, mit CCS oder CHAdeMO beladen zu werden. Das kostet bei vielen Herstellern leider immer noch extra, sollte meiner Meinung nach aber zum Standard werden. Somit kann an Raststätten oder anderen öffentlichen Schnellladern beziehungsweise **H**igh **P**ower **C**hargern (HPC) innerhalb kurzer Zeit der Akku wieder bis auf 80 Prozent beladen werden. Gerade neuere Modelle, wie der Audi e-tron, Tesla Model 3 sowie der Hyundai Ioniq 5, um einige zu nennen, laden an HPC-Ladesäulen mit theoretischen Ladeleistungen um die 150 kW bis zu 350 kW. In der Praxis liegen diese meist leicht darunter. Doch auch immer mehr andere Modelle laden mit Leistungen von 70 bis zu 110 kW. Damit ist das Beladen der großen Akkus innerhalb kurzer Zeiten möglich und die Reise kann schnell weiter gehen. Somit sind viele Elektroautos mittlerweile durchaus für Langstrecken geeignet.

Wie läuft das Laden an den öffentlichen Säulen ab?
Du registrierst dich in den meisten Fällen entweder direkt an der Säule oder hast dich schon vorher bei einem Anbieter angemeldet und eventuell sogar einen monatlichen Vertrag. Dies kann in einigen Fällen, zum Beispiel, wenn zu Hause nicht geladen werden kann, eine sinnvolle Lösung darstellen. Es können zum Beispiel Verträge mit freien Kilowattstunden bei fester monatlicher Rate geschlossen werden. Einige Verträge

sind somit besonders für Vielfahrer sehr attraktiv. Hier lohnt es sich, in deiner Umgebung zu schauen, welche Anbieter dir das für dich passende Angebot vorschlagen können. Teilweise sind die Verträge der städtischen Versorger durchaus fair. Ich selber nutze mehrere Apps und habe mich bisher nicht an ein Abonnement gebunden, da ich fast ausschließlich zu Hause lade. Unterwegs nutze ich gerne die App *mobility+* von EnBW. Diese App hat sich für mich als sehr einfach in der Handhabung erwiesen. Die Registrierung verläuft, wie in vielen anderen Apps auch, mittels Kreditkarte innerhalb von wenigen Minuten. Die Suche nach Ladesäulen kann mittels Filter, zum Beispiel nach Leistung, eingestellt werden. An der Ladesäule wird das Fahrzeug mit dem Kabel verbunden und in der App wird der Ladevorgang gestartet und auch wieder beendet. Die Abrechnung erfolgt direkt über die App und eine Rechnung wird monatlich per E-Mail zur Verfügung gestellt. Eine Grundgebühr fällt nicht an. Die Kosten für AC-Laden (Wechselstrom) betragen hier derzeit 0,45 € pro Kilowattstunde. Beim Laden mit DC (Gleichstrom) beträgt der Preis 0,55 € je Kilowattstunde (Stand August 2022). Es werden jedoch weitere sinnvolle Apps angeboten. Achtung! Bitte beachte an den Ladesäulen immer, ob nach einer bestimmten Zeit eine Blockiergebühr fällig wird. Achtest du hierauf nicht und entfernst dich länger von deinem Fahrzeug, könnte dich eine hohe Rechnung für das Parken an der Säule erwarten. Die Blockiergebühr beträgt oftmals 0,1 € pro Minute. Somit kommst du innerhalb kurzer Zeit auf beträchtliche Rechnungssummen, was vermeidbar ist. Sinnvoll finde ich die Blockiergebühr trotzdem, damit die Ladesäulen nicht unnötig lange belegt werden. Jeder, der schon mal an einer zugeparkten Ladesäule angekommen ist und darauf angewiesen war zu laden, weiß, wie ärgerlich das ist. Das Freimachen der Ladesäule gehört, zum Glück, für viele Verbraucher zur selbstverständlichen und umsichtigen Nutzung dazu.

Kostenloses Laden?
Zeitweise konnte ich selber an vielen Stellen kostenlos laden. So war dies bei einigen VW- Händlern, an Raststätten und Schwimmbädern oder beim Einkaufen möglich. Dies hat sich stark geändert. Natürlich war das kostenlose Laden sehr verlockend und ist teilweise immer noch möglich. Einkaufen und gleichzeitig das Auto beladen? Wer hätte da nicht Nein gesagt? Dennoch ist es verständlich, dass sich dies nach und nach geändert hat und auch Städte immer seltener kostenlose Ladesäulen zur Verfügung stellen. Bei immer größerer Anzahl von zugelassenen Elektroautos sind dies immerhin immense Kosten, die auf die Betreiber der Ladesäulen zugekommen sind oder zugekommen wären.

BIDIREKTIONALES LADEN

Das Elektroauto bietet mit seinem verhältnismäßig großen Speicher eine sehr interessante Möglichkeit mit in das System und in die Energiewende eingebunden zu werden. Viele Elektroautos stehen viele Stunden ungenutzt auf Parkplätzen, Tiefgaragen oder privaten Grundstücken. Tagsüber können die Elektroautos demnach mit sauberer Energie beladen werden und sind dabei sogar mobil. Bei Bedarf könnte die gespeicherte Energie wieder dem Netz oder dem Haushalt zur Verfügung gestellt werden. Elektroautos bieten also ein enormes Potenzial für den Privatbereich und für das gesamte Energiesystem.

Um Teil des privaten oder öffentlichen Energiesystems zu sein, muss jedoch sowohl das Auto als auch die Wallbox das bidirektionale Laden unterstützen. Was bedeutet bidirektionales Laden eigentlich?
Bidirektionales Laden bedeutet, dass die Energie und die Kommunikation in beide Richtungen stattfinden können. Das E-Auto kann angesteuert werden und Energie aus dem Netz oder von der Photovoltaikanlage aufnehmen. Es kann aber auch bei Bedarf die Energie wieder an das Haus oder das Netz abgeben. Für diese zwei unterschiedlichen Vorgänge stehen die folgenden Abkürzungen: V2G steht für **V**ehicle-**t**o-**G**rid, also vom E-Auto in das Netz und in die andere Richtung. V2H steht für **V**ehicle-**t**o-**H**ome, also für den Energiefluss zwischen E-Auto und dem eigenen zu Hause. Außerdem gibt es V2B,

was für **V**ehicle-**t**o-**b**uilding steht und was auch die Kommunikation von E-Auto mit anderen Gebäuden einschließt. Damit ist der Energiefluss zwischen E-Auto und zum Beispiel öffentlichen Gebäuden, Tiefgaragen, Halle, Firmengebäuden etc. gemeint. Wenn also Strom aus dem E-Auto in ein Gebäude eingespeist wird, handelt es sich um V2B.

Im privaten Bereich bieten Elektroautos somit in Zukunft die Möglichkeit, tagsüber den sauberen Solarstrom im E-Auto einzuspeichern und bei Bedarf auch wieder aus dem E-Auto zu entnehmen. Im Haushalt kann die Energie aus dem E-Auto-Akku dann ganz normal für das Betreiben der Waschmaschine, Spülmaschine und alle anderen Verbraucher genutzt werden. Also genauso wie ein Heimspeicher. Da der Akku im E-Auto sehr groß ist, bietet dieser theoretisch die Versorgung mit Strom über mehrere Tage. Die Autarkie kann mit der Nutzung des E-Autos als zusätzlicher Speicher erhöht werden. Damit das effiziente Be- und Entladen sowie die intelligente Einbindung und Kommunikation im Gesamtsystem mit allen Verbrauchern und Erzeugern gelingt, ist eine Schnittstelle, das Energiemanagementsystems (EMS) nötig. Somit kann das Auto als Teil eines intelligenten Stromnetzes fungieren. Um all dies zu gewährleisten, braucht es jedoch E-Autos, die das bidirektionale Laden unterstützen und auch Wallboxen, welche mittels AC/DC-Wandler in der Lage sind, den Strom in beide Richtungen zu wandeln. Aktuell ist dies in den meisten Wallboxen noch nicht der Fall. Verschiedene Autohersteller bieten jedoch immer mehr Fahrzeuge an, welche bereits für das Bidirektionale Laden vorbereitet sind. Eine weitere Voraussetzung ist ein kompatibler DC-Anschluss wie CCS oder CHAdeMO. Auch der Markt der Wallboxhersteller ist stark in Bewegung und verschiedenste Hersteller haben bereits angekündigt, zeitnah Systeme auf den Markt zu bringen. Es fehlt unter anderem noch an gesetzlichen Abstimmungen mit den Netzbetreibern, um das Elektroauto als dezentralen Energiespeicher zu nutzen. Besonders, wenn das E-Auto Strom mit dem Netz austauschen soll, also V2G, herrschen aktuell noch viele Hürden. Diese reichen von Themen der Cybersicherheit über den zukunftsorientierten Ausbau der Ladeinfrastruktur in Deutschland bis hin zu Absprachen und gesetzlichen Einigungen zwischen Netzbetreibern und Politik. Gerade das Vorbereiten der Ladesäulen auf bidirektionales Laden wäre meiner Meinung ein zukunftsorientierter und wichtiger Schritt. Denn die meisten Ladesäulen und Wallboxen unterstützen diese Funktion bisher nicht. Ein weiterer flächendeckender Ausbau von Ladesäulen, die später alle wieder geändert werden müssten, wäre daher äußerst unwirtschaftlich und wenig zukunftsorientiert. Hier werden in den nächsten Jahren noch eine Menge Schritte gemacht werden müssen und dadurch zwangsläufig Bewegung in den Energiemarkt kommen. Die Quasar 1 ist zum Beispiel eine Wallbox, die das bidirektionale Laden schon jetzt technisch ermöglicht. Sie liefert zudem die Möglichkeit auf den Blackout-Modus umzuschalten und somit im Falle des Stromausfalls den Akku des E-Autos zur Versorgung des Hauses zu nutzen. Die Preise für diese Wallbox sind jedoch relativ hoch. Wie gesagt, der Markt ist in Bewegung und bei der Anschaffung eines Elektroautos empfehle ich daher ganz klar darauf zu achten, dass das Fahrzeug das bidirektionale Laden unterstützt.

Heimspeicher bei bidirektionalem Laden überhaupt notwendig?

Nun stellst du dir vielleicht die Frage, ob in Zukunft überhaupt noch ein Heimspeicher nötig ist oder Sinn ergibt? Meiner Meinung nach ja. Denn das Elektroauto ist nicht den ganzen Tag vor Ort. Das Haus kann durch den Heimspeicher jedoch unabhängig vom Elektroauto mit sauberem Strom versorgt werden. Somit wird das Elektroauto ein weiteres Puzzleteil in der intelligenten Versorgung mit Energie und ergänzt sich im besten Falle mit dem Heimspeicher.

REINIGUNG UND WARTUNG

Generell ist deine Photovoltaikanlage sehr wartungsarm und hat eine hohe Lebensdauer. Immer wieder gibt es Angebote von Unternehmen, welche die Reinigung der Module anbieten, damit die Effizienz der Anlage erhalten bleibt. Eine Wartung der Anlage ist grundsätzlich nicht notwendig, wird jedoch alle zwei Jahre von den Herstellern empfohlen. Hierbei wird die Anlage auf sicheren Halt und Korrosionsfreiheit überprüft. Zudem sollte die Sauberkeit und Unversehrtheit aller elektrischen Komponenten geprüft werden. Ein hoher Salz- oder Ammoniakgehalt in der Luft könnte ein Grund für kürzere Wartungsintervalle sein. Nach Stürmen, Hagel und starken Schneefällen solltest du zeitnah selbst prüfen, ob dir Beeinträchtigungen in der Leistung oder Schäden an den Modulen auffallen. Wenn du unsicher bist, lass deine Anlage also mit gutem Gewissen alle zwei Jahre von einem Fachmann kontrollieren.

Reinigung der Anlage

Ob deine Anlage durch Verschmutzung in der Leistung abnimmt, ist auf den ersten Blick schwer zu erkennen. Schließlich schwankt die Produktion der Anlage. Die unterschiedliche Sonneneinstrahlung, Bewölkung und auch die Umgebungstemperatur haben auf die Effizienz der Module einen Einfluss.

Trotzdem empfehle ich dir, deine Anlagendaten regelmäßig einzusehen. Vergleiche Zeiträume aus der Vergangenheit mit dem aktuellen Zeitraum. Also beispielsweise den April aus den vergangenen Jahren mit dem April aus dem aktuellen Jahr. Dadurch erhältst du schnell ein Gefühl dafür, ob etwas nicht stimmt. Sollte ein Modul ausgefallen oder die Anlage stark verschmutzt sein, dass die Effizienz darunter merklich leidet, ist es an der Zeit zu handeln. Die meisten Verschmutzungen auf den Modulen werden durch den nächsten Regen oder Schnee fortgespült. Dieser Selbstreinigungseffekt ist jedoch stark abhängig von der Neigung der Module. Je steiler diese installiert sind, desto besser der Reinigungseffekt. Sind deine Module jedoch sehr flach, mit weniger als 10 Grad installiert, kann es schon deutlich früher nötig sein, die Module zu reinigen. Zudem können individuelle Gegebenheiten, wie zum Beispiel ein Industriegebiet oder eine Autobahn in der Nähe zu stärkerer Verschmutzung führen. Außerdem stellen Laub und Vogelkot Verschmutzungen dar, welche ebenfalls von den Modulen entfernt werden sollten, damit diese Leistungsfähig bleiben. Aber Achtung! Wasser und Strom sind bekanntlich keine gute Kombination. Bevor du die Anlage selbst reinigst, solltest du dich daher unbedingt über Sicherheitshinweise informieren. Neben den elektrischen Gefahren ist die Arbeit am Dach oder auf dem Dach zudem eine sehr gefährliche Arbeit. Wenn du dir unsicher bist, ziehe lieber eine Reinigungsfirma hinzu. Diese wissen um die Sicherheitsvorkehrungen und sollten zudem auch die nötigen Gerätschaften benutzen, um deine Module schonend zu reinigen. Denn zerkratzen sollten diese natürlich nicht. Falls du dich dazu entscheidest, die Modulfläche selber zu reinigen, dann achte unbedingt darauf, dies schonend zu erledigen.

Hier einige Tipps und Hinweise:

- Prüfe als Erstes den Zustand der Module. Bei beschädigten Modulen besteht aufgrund von Leckströmen Stromschlaggefahr.
- Niemals auf die Module steigen. Diese sind dafür ausgelegt, die Last zu tragen, wenn diese auf der gesamten Fläche verteilt wird. Beim Stehen auf den Modulen wird die Last auf eine kleine Fläche ausgeübt, wodurch das Modul beschädigt werden kann.
- Nur abgekühlte Module reinigen! Die Module werden unter Sonneneinstrahlung sehr heiß! Daher unbedingt frühmorgens mit der Reinigung beginnen.
- Trage niemals elektrisch leitende Teile am Körper oder in der Kleidung!
- Niemals ungesichert auf Dachflächen steigen!
- Module können mit lauwarmem Wasser gereinigt werden. Nutze keinen Hochdruckreiniger!
- Nutze zum Beispiel alkoholbasierte Glasreiniger, aber niemals scheuernde Reinigungsmittel oder Tenside.
- Schmutz niemals abkratzen, sondern vorsichtig einweichen und abwischen. Hierfür bitte kein Mikrofaser- oder Baumwolltuch verwenden. Hier eignen sich Küchenrolle oder ein weicher Schwamm. Bitte Schwämme ohne Metall verwenden.
- Schnee und Eis mit einem weichen Besen vorsichtig und ohne Kraftaufwand entfernen.
- Bitte generell keine rotierenden Rollen verwenden!
- Schmutz wie Laub, Vogelnester oder Ähnliches an der Unterkonstruktion nach Möglichkeit entfernen.
- Bei Frostgefahr nicht mit Wasser reinigen!

VERSICHERUNG FÜR DIE ANLAGE

Eine Versicherung der Anlage kann grundsätzlich sinnvoll sein. Schließlich handelt es sich um eine große und langjährige Investition. Daher ist es ratsam, die Anlage zumindest über die Wohngebäudeversicherung abzusichern. Einige Wohngebäudeversicherungen beinhalten ohnehin alle fest installierten Teile am Gebäude. Frage hier aber sicherheitshalber noch einmal bei deiner Versicherung nach oder lies in deinen Vertragsunterlagen nach. Damit wäre die Anlage inklusive der Module gegen Sturm, Hagel, Blitz und Feuer abgesichert. Wenn du deine Anlage über einen Kredit finanziert hast, ist es eventuell sogar empfehlenswert, eine Photovoltaikversicherung abzuschließen. Diese sind meist relativ günstig und sichern gegen Beschädigung und Ertragsausfälle ab. Teilweise werden sogar Schäden, welche durch einen Fehler beim Einspeisen am Netz entstehen könnten, mitversichert. Ob und wie du deine Anlage versicherst, bleibt letztlich dir überlassen. Eine Pflicht zur Versicherung gibt es nicht.

RECYCLING ODER ENTSORGUNG?

Was passiert eigentlich mit alten Anlagen? Kann meine Anlage nach ihrer langen Lebensdauer von meist über 25 Jahren eigentlich dem Recycling zugeführt werden oder hinterlasse ich Sondermüll? Dies sind Fragen, die sich viele Menschen vor der Anschaffung einer Photovoltaikanlage stellen. Eine wichtige Frage! Das Gute ist, dass die meisten Komponenten deiner Anlage hochwertige Materialien enthalten, welche gut recycelt werden können. Sowohl die Module als auch die Speichersysteme werden also nicht einfach entsorgt. Als Privatperson kannst du die Photovoltaikanlage bei deinem regionalen Entsorgungsunternehmen abgeben. Kosten fallen dabei für dich nicht an. Informiere dich unbedingt, welche Annahmestelle du bei dir in der Region aufsuchen kannst. Hier herrschen oft regional große Unterschiede. Es gibt auch Firmen, welche die Anlagen demontieren und dann entsorgen – hierfür fallen jedoch Kosten an. Hole dir hier gegebenenfalls Angebote ein und triff dann eine Entscheidung. Sollte eine neue Anlage installiert werden, besprich dich mit deinem Fachbetrieb, ob dieser das gegebenenfalls übernimmt. Entsorgst du die alte Anlage, dann informiere dich vor Anlieferung genau, worauf zu achten ist. Es wäre ärgerlich, wenn du mit den Modulen auf dem Anhänger wieder nach Hause fahren musst. Wichtig: Falls du die Anlage selbst zum Recycling bringst, achte darauf, die Module vorsichtig zu transportieren. Denn die Module werden auf Funktionsfähigkeit geprüft. Nur defekte Module werden dem Recycling zugeführt. Auch die Zellen des Speichers können schon heute zu großen Teilen recycelt werden. Auf dem Gebiet des Recyclings von Speichern ändert sich viel und es ist davon auszugehen, dass in Zukunft ein noch weitaus besseres Recycling der Zellen stattfinden wird.

Extra:

BALKONKRAFTANLAGEN

Kleinere Photovoltaikanlagen, welche zum Beispiel am Balkongeländer installiert werden können, sogenannte Balkonkraftanlagen, stellen eine interessante Alternative zur großen Photovoltaikanlage dar. Besonders für Menschen, welche aufgrund der Wohnsituation keine große Anlage installieren können, trotzdem sauberen Strom erzeugen und nutzen möchten, hat sich dies sich auf dem Markt etabliert. Besonders für Mietwohnungen ist diese Variante der Stromerzeugung von Vorteil. Ohne viel Aufwand kann hier mittels Solarmodulen, welche entweder faltbar oder fest installierbar sind, sauberer Strom auf kleiner Fläche erzeugt werden. Die Balkonkraftanlagen werden mit wenig Aufwand schnell installiert und lediglich in die Steckdose gesteckt. Oft werden die Anlagen als Komplettpaket inklusive Wechselrichter und Kabeln angeboten. Ähnlich wie bei größeren Systemen schwanken die Preise auch hier. Ich versuche hier anhand der aktuellen Marktsituation den Preis grob anzugeben. Aktuelle Preise für Balkonkraftwerke findest du aber auch schnell online heraus. Die Kosten belaufen sich aktuell (Stand August 2022) für kleine Anlagen mit beispielsweise einem 600 W Wechselrichter auf 1.000 bis 1.300 €.

Was gibt es zu beachten?

Grundsätzlich kannst du zum aktuellen Zeitpunkt bei einer Ausgangsleistung deines Wechselrichters bis 600 W, also 0,6 kW, dein Balkonkraftwerk ohne Anmeldung in Betrieb nehmen. Möchtest du auf Nummer sicher gehen, kannst du es jedoch beim Marktstammdatenregister anmelden. Kosten fallen hierfür nicht an. Wie dies abläuft, findest du oben im Kapitel „Welche Schritte der Anmeldung sind notwendig?“ ausführlich beschrieben.

Erreichst du mit deinem Balkonkraftwerk eine Leistung über 600 W, musst du deine Stromerzeugungsanlage beim Marktstammdatenregister und beim Netzbetreiber anmelden. Das liegt daran, dass du mit einem größeren Balkonkraftwerk mit hoher Wahrscheinlichkeit zu einigen Zeitpunkten auch mehr Strom produzierst, als du verbrauchst. Speist du diesen in das Netz ein, so muss der Netzbetreiber informiert werden und deine Anlage muss angemeldet werden. Finde hierfür deinen Netzbetreiber heraus (steht meist auf dem Zähler oder du fragst beim Energieversorger nach). Du kannst deine Anlage mit einem vereinfachten Anmeldeformular melden. Hat dein Netzbetreiber ein solches Formular nicht, dann stellt die Arbeitsgruppe PV-Plug der Deutschen Gesellschaft für Sonnenenergie (DGS) hierfür einen kostenlosen Musterbrief zur Verfügung. Achtung! Du verzichtest hierbei auch auf eine mögliche Einspeisevergütung.

https://www.pvplug.de/wp-content/uploads/2019/04/DGS_Anmeldeformular_Steckdosen-Solarmodul.pdf
(Stand 08.09.2022)

Achtung: Dies stellt keine rechtliche Beratung dar. Um auf Nummer sicher zu gehen, informiere dich bitte ausführlich.

Grundsätzlich gilt: Bleibst du bei 600 W Ausgangsleistung deines Wechselrichters, musst du die Anlage nicht anmelden und kannst diese ohne Probleme betreiben.

Rechnet sich die Anschaffung eines Balkonkraftwerks?

Je nachdem, wie dein Balkonkraftwerk zur Sonne ausgerichtet ist, also abhängig davon, wie effizient es arbeitet, kannst du im oben genannten Beispiel maximal 0,6 kW Leistung erwarten. Diese Leistung wird jedoch über den Tagesverlauf stark schwanken. Du kannst also pro Tag mit wenigen Kilowattstunden Ertrag rechnen. Je nach örtlichen Gegebenheiten werden deine Erträge stark schwanken. Daher ist es mir hier kaum möglich, eine verlässliche Auskunft zu geben. Fakt ist: Jede Kilowattstunde, die dein Balkonkraftwerk produziert und welche du im Haus für deinen Kühlschrank, deine Kaffeemaschine, Fernseher etc. verwendest, ist eine Kilowattstunde, welche nicht aus dem Netz bezogen werden muss. Deine Ersparnis hängt also von deinem Preis pro Kilowattstunde ab, welchen du zahlst und von deinen Erträgen. Aktuell sind Preise für den Netzbezug von 0,35 € / kWh normal (Stand September 2022). Angenommen, dein Balkonkraftwerk liefert dir über das ganze Jahr 400 kWh, was ich für einen realistischen Wert halte, dann ist deine Ersparnis folgende:

Formel:
Ersparnis = Preis / kWh * Anzahl der erzeugten kWh / Jahr.

Beispiel:
Ersparnis = 0,35 € / kWh * 400 kWh / Jahr

Ersparnis = 140 € / Jahr

Du hättest pro Jahr also eine Einsparung von 140 €. Je nach Anschaffungskosten deines Balkonkraftwerks kannst du somit schnell ermitteln, wie lange es dauert, bis sich deine Anlage selbst abbezahlt hat und ab wann du wirklich Geld einsparst. Die Berechnung sieht hierfür wie folgt aus:

Formel:
Amortisation in Jahren = Anschaffungspreis / Einsparung pro Jahr

Beispiel:
Amortisation = 1.100 € / 140 € / Jahr

Amortisation = 7,86 Jahre.

Es würde bei gleichbleibendem Strompreis fast acht Jahre dauern, ehe du die Anschaffungskosten für das Balkonkraftwerk wieder eingespart hast. Abhängig von der Preisentwicklung und deiner individuellen Stromerzeugung kann es natürlich auch deutlich schneller erreicht werden oder aber auch länger dauern. Das gute Gefühl, deinen eigenen Strom im kleinen Maßstab sauber auf dem Balkon zu erzeugen, bleibt in jedem Fall.

MINIANLAGEN FÜR ZU HAUSE ODER DIE REISE

Ähnlich wie bei Balkonkraftwerken handelt es sich bei Mini-Solaranlagen um kleine Photovoltaik-Generatoren. Es werden meist faltbare Solarmodule angeboten, welche sich gut verstauen und schnell aufstellen lassen. Innerhalb von wenigen Sekunden kann so Strom mithilfe des Sonnenlichts erzeugt werden. Verbraucher wie Laptop, Handy oder Ähnliches werden direkt an das Modul angeschlossen und beladen. Alternativ wird häufig ein tragbarer Speicher mit ca. 0,5 kWh bis 2 kWh Kapazität angeboten. Der Speicher ist nicht nur Stromspeicher, sondern enthält gleichzeitig einen Wechselrichter und verschiedene Ausgänge. So können meist problemlos mehrere USB-Geräte angeschlossen werden. Außerdem werden ein oder mehrere Steckdosen mit Wechselstrom angeboten. Somit entsteht aus Solarmodul und dem Speichersystem ein kleines, tragbares Solarkraftwerk. Beliebt sind diese Minianlagen besonders bei Campern und Menschen, welche eine sichere und ortsungebundene Versorgung mit Strom von beispielsweise Computern, Smartphones etc. benötigen. Auch zu Hause kann ein tragbarer Speicher hilfreich sein, sollte der Strom ausfallen. Du kannst den tragbaren Stromspeicher über ein oder mehrere Solarmodule beladen. Soll es mal schnell gehen, können die Speicher meist mit einem Netzgerät über die normale Schuko-Steckdose zu Hause beladen werden. Zu beachten ist bei den kleinen Speichersystemen die Ausgangsleistung. Je nach Anwendungsfall reichen die maximal

500 W Ausgangsleistung der kleinen Speicher oftmals nicht aus. Größere Geräte mit zum Beispiel 2.000 W Ausgangsleistung und höheren Stoßleistungen von beispielsweise 4.400 W bieten schon deutlich mehr. Allerdings sind diese Systeme auch relativ hochpreisig.

Extra:

EIN BLICK IN DIE ZUKUNFT

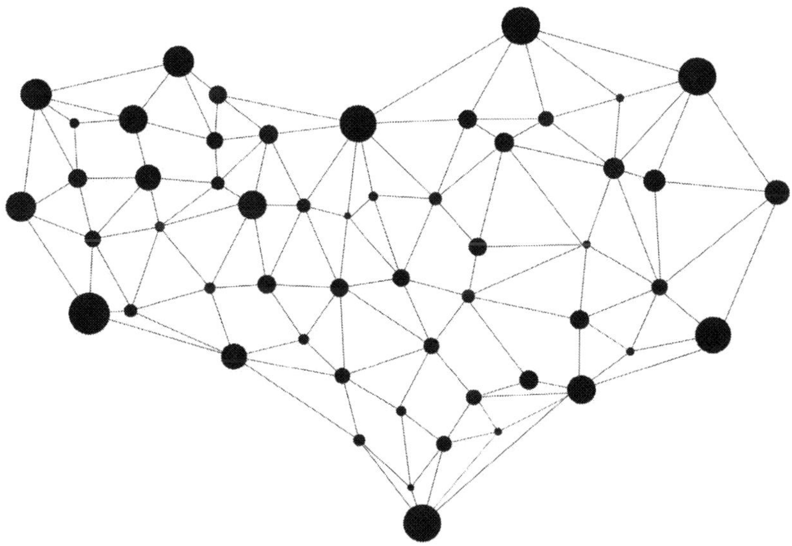

Erneuerbare Energien, vernetzte Geräte zu Hause, intelligente Speichersysteme und vernetzte Mobilität, welche ein neues Energiesystem ermöglichen. Klingt nach ferner Zukunft? Ich möchte hier einen kurzen Blick auf die Entwicklung werfen und aufzeigen, was meiner Meinung nach in Zukunft möglich sein könnte. Im Bereich des bidirektionalen Ladens verfolge ich schon seit Jahren die Visionen von Nissan. Mit dem Nissan LEAF wurde bereits vor einigen Jahren ein Auto auf den Markt gebracht, welches in der Lage ist, bidirektional zu laden. Anfang 2020 wurde gemeinsam mit dem Bundesverkehrsministerium ein Feldversuch durchgeführt. Das

Projekt i-rEzEPT wurde von Nissan, Bosch Software und den Fraunhofer-Instituten IAO und IFAM ins Leben gerufen und durchgeführt. Es wurde die Integration von Elektroautos in das öffentliche und private Stromnetz erprobt. So wurden die Speicher der Elektroautos genutzt, um überschüssige Energie aus dem Netz, zum Beispiel aus Windkraftanlagen oder Solarparks, aufzunehmen, um diese zu einem späteren Zeitpunkt dem Regelenergiemarkt wieder zur Verfügung zu stellen. Der Name i-rEzEPT setzt sich wie folgt zusammen: *„Intelligente rückspeisefähige Elektrofahrzeuge zur Eigenstrommaximierung und Primärregelleistungsmarkt-Teilnahme"*. Erprobt wurde das Projekt mit 13 Einfamilienhäuser, welche mit dem Nissan LEAF und einer Ladestation, welche bidirektionales Laden unterstützt, ausgestattet wurden. Der saubere Strom aus den Photovoltaikanlagen konnte tagsüber in das Auto geladen und später wieder aus dem Auto genutzt werden, also an das Haus abgegeben werden. So sollte unter anderem getestet werden, ob elektrische Fahrzeuge eine tragende Rolle bei der sicheren Versorgung mit Strom spielen können und ob sie den Besitzern durch die Leistungen für das Netz sogar Einnahmen generieren können. Es geht also darum, den Austausch von Strom zwischen Auto und Netz, also Vehicle-to-Grid (V2G), sowie vom Fahrzeug zu Gebäuden: Vehicle-to-Home für Eigenheime (V2H) und Vehicle-to-Building, (V2B) zu testen und zu ermöglichen.
Dieses Projekt gibt einen Eindruck davon, an welchen Entwicklungen geforscht wird und was noch möglich werden kann. Aktuell werden große Mengen an Energie nicht genutzt, weil diese nicht gespeichert werden kann. Diese Energie könnte in einer Zukunft, in welcher die elektrischen Fahrzeuge V2G-fähig sind, sehr gut zwischengespeichert werden. Die meisten

Fahrzeuge stehen einen Großteil des Tages ohnehin still im Parkhaus, auf dem Parkplatz oder zu Hause. Dort könnten sie dann, intelligent verbunden, ein Teil des Netzes werden.

Intelligentes Stromnetz und Stromhandel unter Nachbarn?

In einem weiteren sehr interessanten Projekt der Technischen Universität München mit dem Namen BASE.V wurde über ein halbes Jahr lang erprobt, wie ein Handel von Strom zwischen einzelnen Haushalten eine Lösung sein kann, um schwankende Energieerzeugung auf der einen Seite und steigenden Stromverbrauch auf der anderen Seite in Einklang zu bringen. Es wurde untersucht, wie sich das Stromnetz verhält, wenn das Produzieren von Strom durch die eigene Photovoltaikanlage in Kombination mit einem Heimspeicher und mit elektrischer Mobilität weiter steigt. Es wurden sieben Testhaushalte mit Speichersystemen von *sonnen*, einer Wallbox und einer Photovoltaik-Anlage ausgestattet. Über eine zentrale Handelsplattform, welche letztlich Block-Chain-basiert arbeitet, konnten die Teilnehmer Strom kaufen oder verkaufen. Das Ergebnis zeigt, dass das gegenseitige Teilen von Strom bei wirtschaftlichem Anreiz Verbrauchsspitzen abmildern und Engpässe vermieden werden können. So konnte ebenfalls gezeigt werden, dass durch den gegenseitigen Kauf und Verkauf die Netzstabilität bei gleichzeitiger intelligenter Steuerung profitiert. Interessant ist der Handel von Strom untereinander deshalb, weil das Verbraucherverhalten sehr unterschiedlich ist. Während der eine Haushalt tagsüber kaum Strom verbraucht,

diesen aber erzeugt, kann ein anderer Haushalt diesen Strom nutzen. Der Peer-to-Peer Handel zwischen Haushalten ist technisch umsetzbar. Eine digitale Energie-Infrastruktur und Smart-Meter in den Haushalten sind allerdings Grundvoraussetzung hierfür.
Auch dieses Projekt zeigt, dass die Energieversorgung der Zukunft mit hoher Wahrscheinlichkeit intelligent und dezentral werden kann. Ich hoffe und wünsche mir, dass auch in Zukunft Photovoltaikanlagen und Speichersysteme eine wichtige Rolle bei der Netzstabilisierung und -erweiterung spielen.

Ich wünsche dir viel Spaß und Erfolg bei der Umsetzung deines Projekts. Vielleicht erfreust du dich ja schon bald an deiner eigenen Photovoltaikanlage und an dem ersten selbst produzierten Strom. Ich kann aus eigener Erfahrung sagen: Es ist ein gutes Gefühl.

Ich freue mich von dir zu hören, verlinke mich doch gerne bei Instagram @sonne_tanken_ in einem Post von deiner Anlage. Außerdem freue ich mich darüber auf YouTube mit dir im Kontakt zu sein. Wenn du noch Fragen hast, oder Hilfe bei der Planung benötigst, schau gerne auf www.sonnetanken.net vorbei und kontaktiere mich.

GLOSSAR

Einheiten

a	Jahr
Hz	Hertz
I	Strom in Ampere
kW	Kilowatt
kWh	Kilowattstunde (Verbrauch)
kWp	Kilowatt-Peak
kWh/kWp	Kilowattstunde pro Kilowatt-Peak
m^2	Quadratmeter
MWh	Megawattstunde (1.000 kWh = 1 MWh)
P	Leistung in Watt
t	Zeit
W	Watt (1.000 W = 1 kW)
Wh	Wattstunde
U	Spannung in Volt

Abkürzungen und Begriffe

Ampere

Dies ist die Basiseinheit der elektrischen Stromstärke.

autark

Der Begriff **autark** ist ein Adjektiv und wird genutzt, um die Unabhängigkeit vom Stromnetz auszudrücken.

Autarkie
Der Begriff **Autarkie** ist ein Substantiv und wird genutzt, um die Unabhängigkeit vom Stromnetz auszudrücken.

Be- und Entladeleistung
Die Be- und Entladeleistung beschreibt die Leistung in Watt, welche ein Speicher beim Beladen oder Entladen aufnehmen oder abgeben kann. Eine Be- und Entladeleistung von 3 kW bedeutet also, dass der Speicher mit 3.000 W beladen und entladen werden kann.

c-Wert
Der **c-Wert** oder c-Koeffizient gibt an, in welcher Zeit ein Speicher einmal komplett be- bzw. entladen werden kann. Ein c-Wert von 1 bedeutet, dass der Speicher innerhalb von einer Stunde komplett be- oder entladen werden kann. Bei einem Speicher mit 10 kWh Kapazität würde dies bedeutet, dass er eine Be- oder Entladeleistung von 10 kW hätte. Im Heimspeicherbereich liegt der c-Wert meist unter 1. Bei einem c-Wert von 0,5 würde der Speicher zwei Stunden benötigen, um voll be- oder entladen zu sein. Dies würde also einer Be- oder Entladeleistung von 5 kW entsprechen.

Degradation
Die **Degradation** bedeutet allgemein, dass etwas herabgesetzt wird. In der Chemie bedeutet die Degradation die Zerlegung von Verbindungen oder der Stoffabbau. Auf den Speicher bezogen bedeutet dies, dass die Zellchemie im Laufe der Zeit chemischen Veränderungen unterliegt und die Speicherkapazität dadurch abnimmt.

Direktverbrauch

Der **Direktverbrauch** ist der Strom, welchen du direkt verbrauchst, wenn er erzeugt wird. Angenommen deine Anlage produziert gerade 3 kW und du verbrauchst 2 kW, dann ist dein Direktverbrauch 2 kW und dein Überschuss entspricht 1 kW.

Dreiphasig

Hier wird der Strom über drei Drähte geliefert. Alle drei Phasen liefern die gleiche Frequenz und Spitzenspannung, jedoch um 120 Grad phasenverschoben. Die dreiphasigen Systeme versorgen die Verbraucher mit konstanter Leistung. Zudem können die drei Drähte dreimal so viel Strom liefern, wie das einphasige System.

EEG 2023

Hiermit ist das **E**rneuerbare **E**nergien **G**esetz 2023 gemeint.

Eigenverbrauch

Mit dem **Eigenverbrauch** wird die Menge an Strom, welche durch deine Photovoltaikanlage erzeugt wurde und welche du selbst verbrauchst, bezeichnet. Angenommen du hast am Tag 20 kWh erzeugt und einen Eigenverbrauch von 50 Prozent, dann hast du einen Eigenverbrauch von 10 kWh.

Einphasig

Hier wird die Leistung von einem Draht geliefert, welcher Wechselstrom führt. Die abgegebene Leistung schwankt ständig.

Energiemanagementsystem

Das **Energiemanagementsystems** erfasst systematisch den Energieverbrauch und erhöht anschließend durch Planung und

Durchführung von Maßnahmen, wie zum Beispiel das Beladen des Speichers zu bestimmten Zeiten, die Energieeffizienz.

Gleichstrom (DC)
Als **Gleichstrom** wird ein elektrischer Strom bezeichnet. Die Stromstärke bleibt gleich und verläuft parallel zur Zeitachse. Die Abkürzung DC steht für **direct current** und kommt aus dem Englischen.

Hertz (Hz)
Die Frequenz der Wechselspannung im Stromnetz wird in **Hertz** angegeben.

Kilowatt-Peak
Mit **Kilowatt-Peak** wird die maximale Leistung deiner Anlage bei optimalen Bedingungen bezeichnet.

Kilowattstunde (kWh)
Eine **Kilowattstunde** entspricht der Menge an Energie, welche ein elektrisches Gerät mit einer 1.000 W Leistung in einer Stunde aufnimmt oder abgibt. Die Kilowattstunde ist das Tausendfache einer Wattstunde.

Leistung
Die **Leistung** ist eine physikalische Größe mit dem Formelzeichen **P** und bezeichnet die in einer Zeitspanne umgesetzte Energie. Sie wird in der Einheit **Watt** angeben.

MPP-Tracker:
MPPT steht für **MPP-Tracker** und bedeutet **M**aximum **P**ower **P**oint-Tracker. Damit ist ein Messpunkt gemeint, welcher den

zeitlich veränderlichen physikalischen Zustand, an dem ein einzelnes Solarmodul seine maximale Leistung erreicht, misst. Moderne Wechselrichter haben mindestens zwei MPPT.

Netzbezug

Der **Netzbezug** ist die Menge an Strom, die du aus dem Netz beziehst, wenn deine Photovoltaikanlage keinen Strom produziert und der Speicher, falls du einen in deinem System verbaut hast, ebenfalls nicht genug Leistung liefern kann.

Schuko-Steckdose

Schuko ist ein Akronym für **Schu**tz-**Ko**ntakt. Es handelt sich bei der Schuko-Steckdose also um Schutzkontakt-Steckdosen. Dies sind die in Europa in fast jedem Haushalt verbauten 230 V Steckdosen.

Schwarzstartfähgigkeit

Mit der **Schwarzstartfähigkeit** ist die Fähigkeit deines Systems gemeint, die Anlage unabhängig vom Stromnetz zu starten. Auch nachdem der Speicher leer war und die Anlage zum Beispiel über Nacht ausgeschaltet war. Kann das System dies nicht, muss erst wieder ein Netzanschluss hergestellt werden, damit deine Photovoltaikanlage wieder starten kann.

Speicherkapazität

Die **Speicherkapazität** wird in kWh angegeben. Dies ist eine Größe für Akkumulatoren. Eine Kilowattstunde Speicherkapazität bedeutet, dass der Speicher für eine Zeitspanne von einer Stunde 1 kW Leistung abgeben kann.

Überschussstrom

Der Überschussstrom ist der Strom, den du nicht selber verbrauchen kannst und daher in das Netz einspeist. Er ist als Überschuss vorhanden.

V2B

Mit dieser Abkürzung ist **V**ehicle-**t**o-**B**uilding gemeint. Also der Austausch von Strom zwischen Auto und Gebäuden generell.

V2G

Mit dieser Abkürzung ist **V**ehicle-**t**o-**G**rid gemeint. Also der Austausch von Strom zwischen Auto und dem Stromnetz.

V2H

Mit dieser Abkürzung ist **V**ehicle-**t**o-**H**ome gemeint. Also der Austausch von Strom zwischen Auto und dem Eigenheim.

Wattstunde (Wh)

Eine **Wattstunde** entspricht der Menge an Energie, welche ein elektrisches Gerät mit 1 W Leistung in einer Stunde aufnimmt oder abgibt.

Wechselrichter

Der **Wechselrichter** wandelt den Gleichstrom, welcher von den Solarmodulen in das Haus gelangt, in Wechselstrom (AC) für das Hausnetz um.

Wechselstrom (AC)

Als **Wechselstrom** wird ein elektrischer Strom bezeichnet, dessen Polung sich regelmäßig bei fortschreitendem Zeitverlauf ändert. Die positiven und negativen Augenblickswerte ergänzen sich dabei so, dass der Strom im zeitlichen Mittel null ist. Im Haushalt nutzen wir den Wechselstrom mit der Abkürzung AC für **alternating current.**

Printed in Poland
by Amazon Fulfillment
Poland Sp. z o.o., Wrocław

13713116R00115